たまさんちのホゴネコ

tamtam
タムタム

私は行き場を失った
犬や猫を引き取り
新しい家族を探す
保護活動を
個人でしています

去年、
初めて出版した書籍
『たまさんちのホゴイヌ』
ではたくさんの反響をいただき

今回が
2度目の出版となります

保護や愛護なんて
言葉を聞くと
なんだか暗くて
かわいそう……

この本には
「今を生きる」意味を
私に教えてくれた
6匹の猫たちが登場します

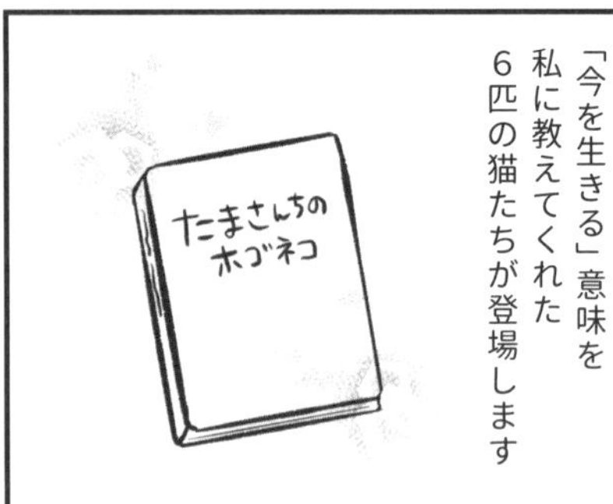

私が人生で初めて
家族になった猫で
「死」を通して命の
大切さを教えてくれた
〝ミーコ〟

はじめに

幸せな復讐とは
いったい何なのかを
教えてくれた
〝くるみちゃん〟

人を絶対に信用しない
血だらけだった野良猫
〝足湯さん〟

盲目でてんかん持ち。
保護当時は真っ赤に
鼻を腫らしていた
〝こいちゃん〟

骨折し衰弱しきって
いるところを保護され
猫白血病を患っている
〝あくびちゃん〟

ぐたっ…

目の前で母猫を
交通事故で失い
心臓に小さな穴が
見つかった
生後間もない子猫
〝ジジ〟

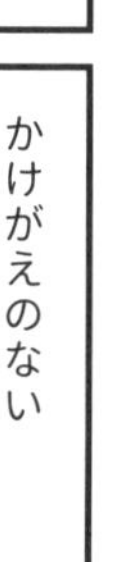

かけがえのない
彼らから学び、
教えてもらうことは
本当に多いのです

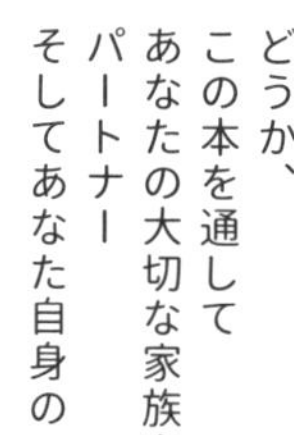

どうか、
この本を通して
あなたの大切な家族や
パートナー
そしてあなた自身の

「今を生きる」
ということを
考えるきっかけに
なりますように

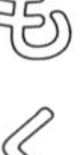

もくじ

本書は、これまでSNSに投稿された作品を加筆・修正し、描きおろしを加えたものです。

ミーコ

くるみちゃん

CHAPTER 1

ミーコ

» 虹の橋

虹の橋

①

私が重度の
猫好きになった原因は
きっとこの子のせい

名前はミーコ
とてもきれいな
ミケジョ（三毛猫）だった

私は4歳の頃、
母の地元に引っ越し、
祖父母と一緒に
暮らし始めた

そこに住んでいたのが
ミーコだった

私とミーコは同い年
幼い頃の記憶もその出会い
も覚えていないが

どこか素っ気ない、
猫らしい性格のミーコ

ミーコとの記憶が
鮮明なのは

私たちが共に
14歳になった頃から

撫でると喉を鳴らし
尻尾の先でゆっくりと
リズムを取る姿が
愛しかった

冬の寒い日は一緒に
布団に入ってくれたり

夏の暑い日は私の
枕元で寝るのが習慣で

どんな時も
私の部屋の扉を開けて
ミーコがいつでも
入れるようにしていた
ミーコ
おいで！

いつも枕をズラして
ミーコを待つのだった
猫は
気まぐれ…
まだ
来ない
ぐすん…

自分のお小遣いで
ミーコのおやつを
買うのが楽しみで
ふふん♪
これで
メロメロよ！

家族には内緒で
自分の部屋でこっそりと
与えたり
お食べ～

可愛くてたまらなくて
いつの間にか私にとって
かけがえのない存在と
なっていた
でれぇっ

帰宅後は必ず
追い回し……
ミーコ
どこいる？
ガチャ
ただいま～

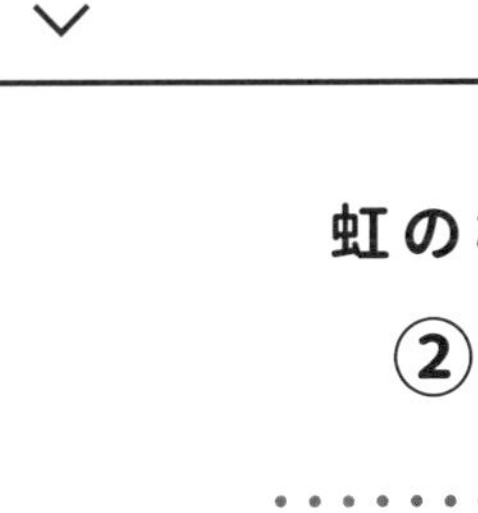

虹の橋 ②

虹の橋

③

あ!
ミーコォ!
いたぁぁ!
ん?

私が猫の絵や写真を撮るようになったのもすべての発端はミーコだ
あっいいねぇ♡
こっち向いてー
こっちー♡
ずいっ
インスタントカメラ

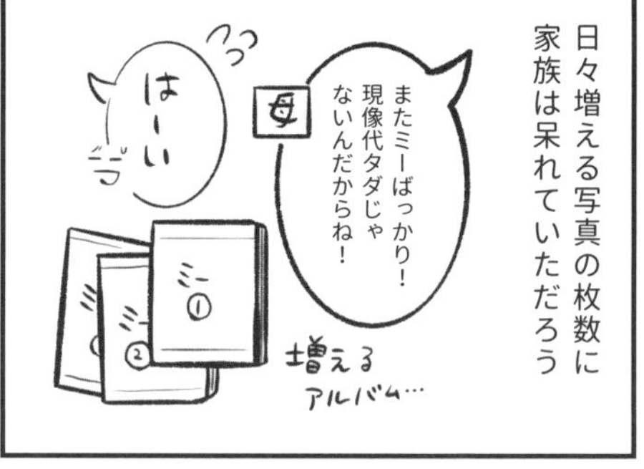

日々増える写真の枚数に家族は呆れていただろう
またミーばっかり!
現像代タダじゃ
ないんだからね!
母
はーい
ミー①
ミー②
増えるアルバム…

ミーコのことがとにかく大好きだった
しつこい!!
ブン
ブン

しかし、ミーコに残された時間は人間の私にとってはとても短いものだった
あれ?
ミーコ
いない…
キョロ…
キョロ…
あっ

……ミーコ?
ぐたっ…

ミーコ!

虹の橋

次の日、私は学校を休み
1人でバスに乗り
動物病院へ駆けつけた

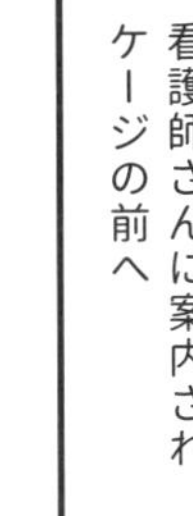

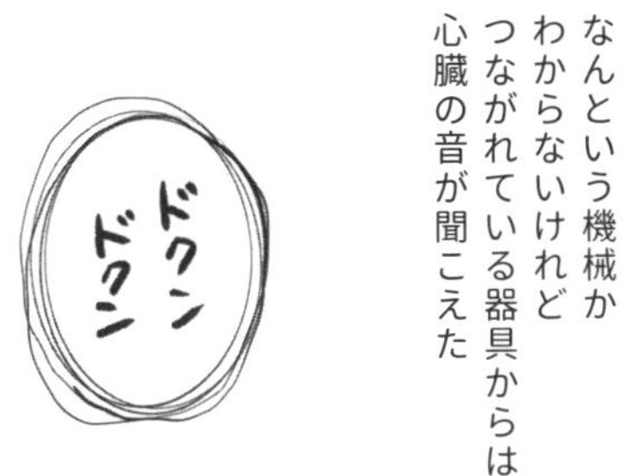

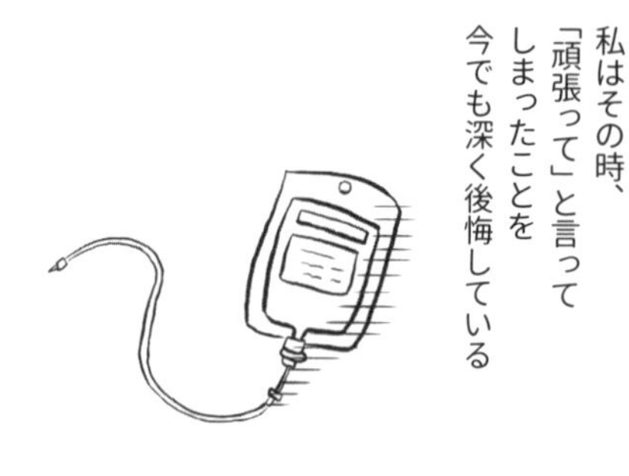
私はその時、
「頑張って」と言って
しまったことを
今でも深く後悔している

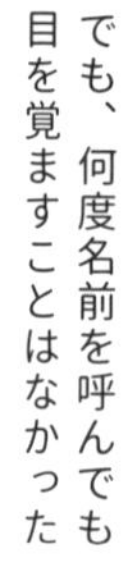
本当に死んでしまったのか
と疑うほど穏やかな顔
でも、何度名前を呼んでも
目を覚ますことはなかった

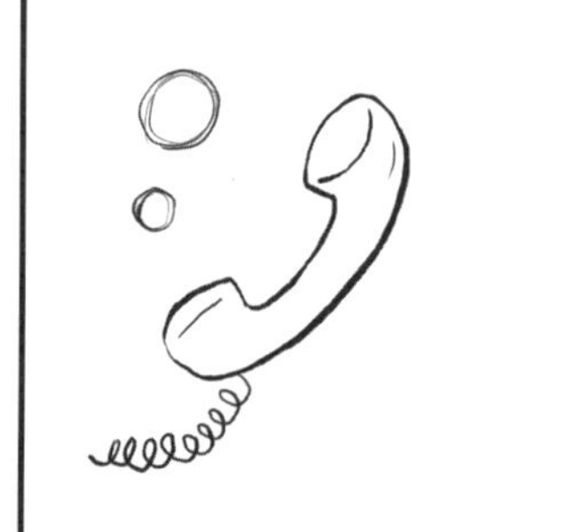
次の日、病院から
ミーコが死んだと
連絡があった

ドラマや映画で見る
最期の別れはもっと
感動的で神秘的で
心温まるものだったのに

私は最期に
「ありがとう」でも
「さようなら」でもなく
「頑張れ」と
言ってしまった

これが
「死」というものなのか

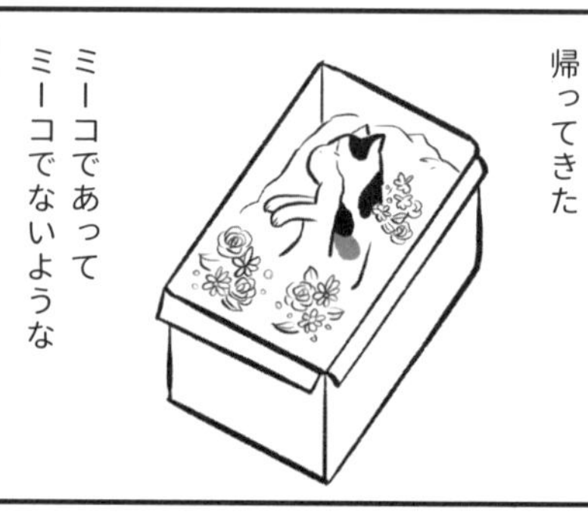
ミーコは抜け殻になって
帰ってきた
ミーコであって
ミーコでないような

こんなにも虚しく
あっけないものなのか

虹の橋 ⑤

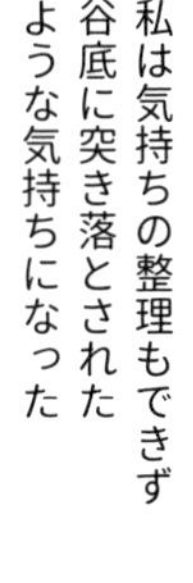
私は気持ちの整理もできず
谷底に突き落とされた
ような気持ちになった

いつも開放していた
扉も、もう開けて
おかなくていいのか

家中探しても
もうどこにもいないのか

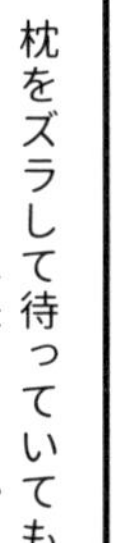
枕をズラして待っていても
もうミーコは来ないのか

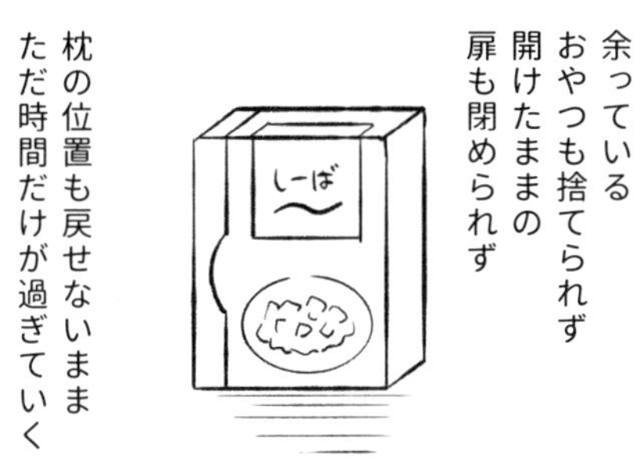
しーば

余っている
おやつも捨てられず
開けたままの
扉も閉められず
枕の位置も戻せないまま
ただ時間だけが過ぎていく

ぐすっ
夢の中でいいから
会いにきてよ……

ペットロスといえば
そうなのだろう

そんな時、
おばあちゃんが私に
ほら
ちょっと
こっちに
来なさい

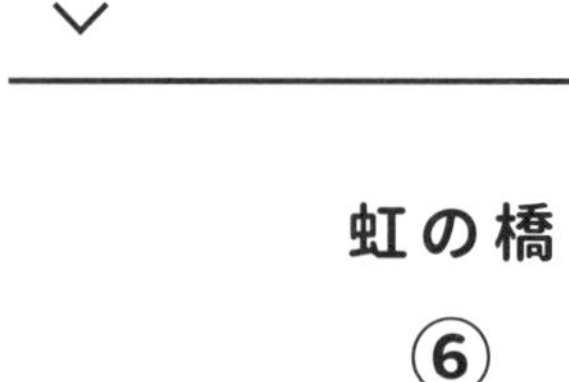

虹の橋

⑥

お線香をあげなさい
お線香？

お線香の煙はね

遮られることなく
まっすぐ天国につながっているんだよ

どんな病気や怪我をして死んでしまっても
お線香の煙に包まれるとみんな元気な身体に戻る

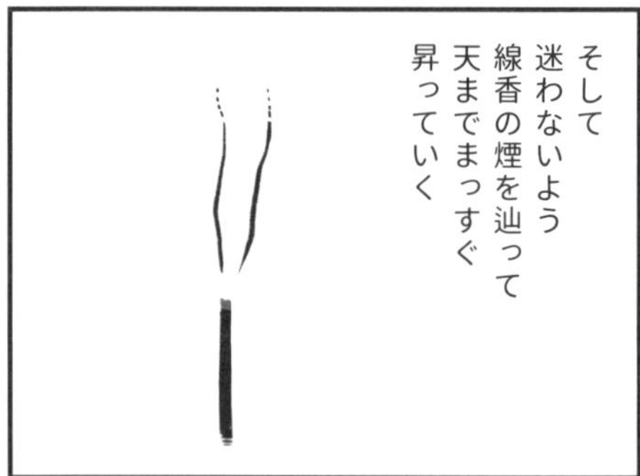
そして迷わないよう線香の煙を辿って天までまっすぐ昇っていく

虹の橋

大人になった今でも
ミーコが必ずまた会いに
来てくれると信じている

生まれ変わった姿は
犬かもしれないし
猫かもしれないし

ボロボロで
病気を持っていたり
するかもしれない

でも、もしまた
会えたらあの時
何もしてあげられなかった分

精いっぱい、
向き合うんだ
今ある「命」に

いつしかそれが
私が保護活動を続ける
理由となっていた

SNSを始めて、
「虹の橋」の話を知った。
死んだペットは
そこで飼い主を待っている
といわれている
虹の橋？

最初に浮かんだのは
ミーコのこと
また会えたら
最初になんて
言おうかな……

それはきっと、
ごめんなさいでも
ありがとうでもない

あの時、毎日のように
言っていた言葉

ミーコ、
大好きだよ

CHAPTER 2

ニ くるみちゃん ニ

» その復讐に幸あれ

その復讐に幸あれ ①

くるみちゃんは
飼っていたおばあちゃんが
入院する間だけ
預かってほしいと言われて
やってきた

ちょ
ん

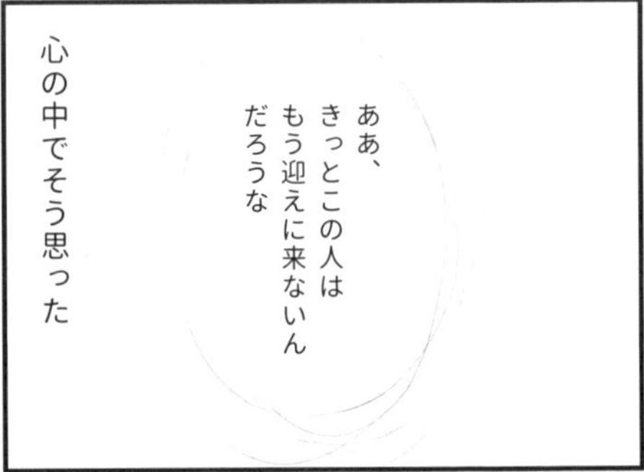

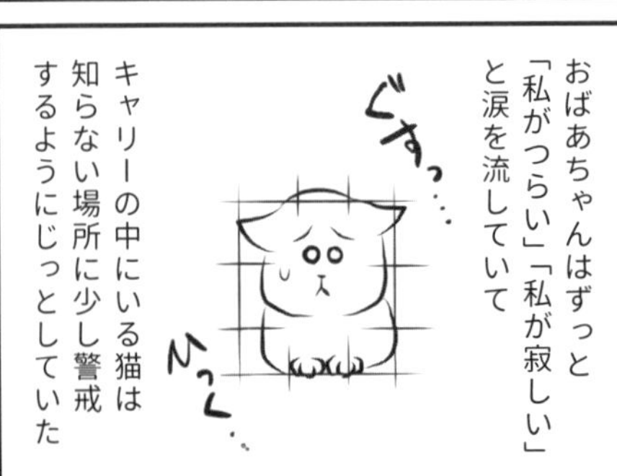

正直に言うと、私は
おばあちゃんに同情する
ことができなかった
私にはその言葉が
耳に入らず目の前の猫しか
見えていなかった

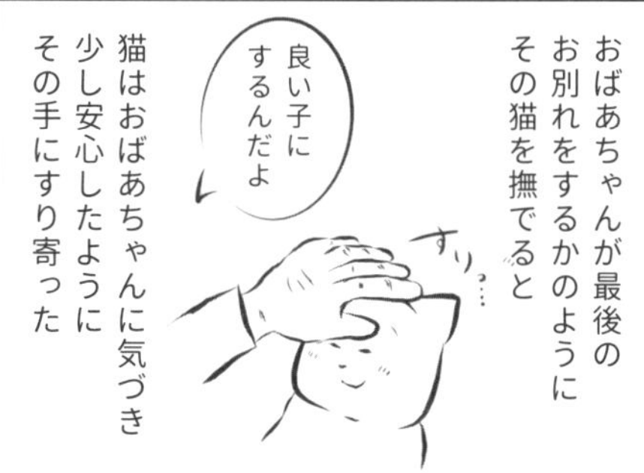
おばあちゃんが最後の
お別れをするかのように
その猫を撫でると
良い子に
するんだよ
すりっ…
猫はおばあちゃんに気づき
少し安心したように
その手にすり寄った

きっとつらくて泣きたいのは
知らないところに
置いていかれる
この猫のほうだろう
うっ…
ひっく
うっ…

その復讐に幸あれ

②

家族同然でねぇ
ホント……
ぐすっ
あー
印鑑ないわ
拇印で
いいです
おばあちゃんが去った後

今日から
よろしくね～
…
あら～
べっぴんさんね～

フシャ
お前
ダレやねんっ

おや？

おばあちゃんがいなくなったことを察した

くるみちゃんの警戒心はマックスだった

最初の1か月はまともに

ベシッ

あでっ

触ることも許してくれなかったが

その警戒心は時間とともに溶けていった

怖かっただけなんだねー

案の定、おばあちゃんとの連絡は途絶え

後日、身内を名乗る方から電話が入った

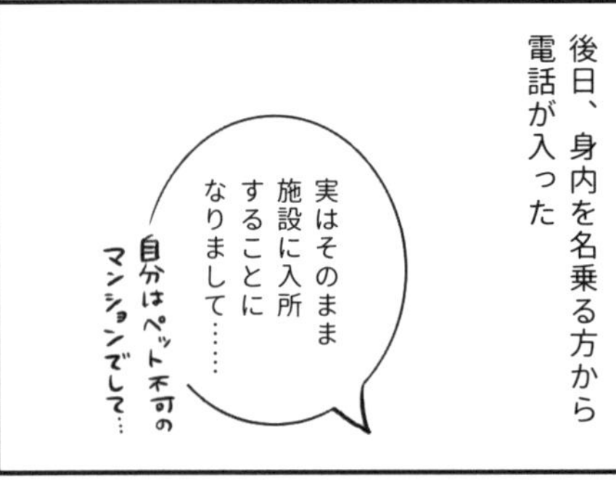

実はそのまま施設に入所することになりまして……
自分はペット不可のマンションでして…

その復讐に幸あれ

その方はおばあちゃんがもう戻って来ないこと

ごめんなさい…

誰もその猫を引き取ることができないことを話してくれた

聞けば、おばあちゃんが猫と暮らしていたことを

ねこのごはん

まったく知らなかったわけではないらしい

理由はいうまでもない

ごろん

ちらっ

その復讐に幸あれ

④

数ある応募の中から
いくつかのご家族と面接や
お見合いをくり返し
面接
お見合い
面接
このくり返し…

そこには、人に怯えていた
姿は一切なく
私はこのご縁に
心から感謝していた
うるっ

今はこんなに
人懐こいけれど、
環境が変わると
とても怖がって
しまうと思います
心のケアが必須に
なると思うので……
大変になるかも
しれないです

が、しかし

ある家族とのトライアルが
決まった
環境の変化に
早く慣れてくれるよう、
家族みんなで
頑張ります！
そして迎えた
トライアル当日

トライアルから
わずか2日で
くるみちゃんは
我が家に戻ってきた

怖がりだったはずの
くるみちゃんだが
ぴょんっ
初日から家族のみんなに
甘える姿を見せてくれた

「思ったよりも
毛が抜ける」
ピコン♪
理由はたった
それだけだった
私は何も責めずに
迎えに行った

この子を
また孤児にしてしまった
ぎゅ
おかーさん
はなして

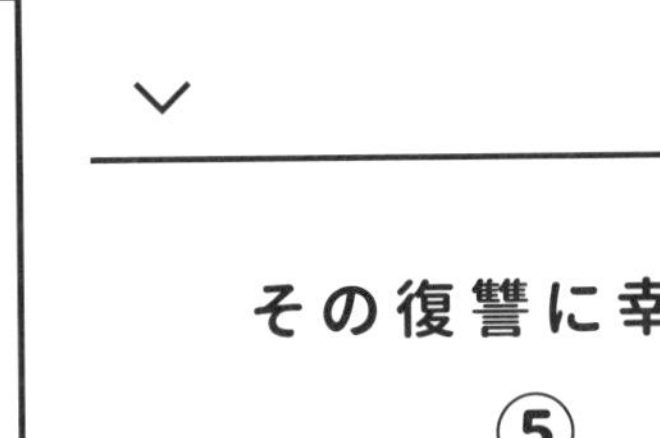

その復讐に幸あれ

⑤

数多く届いた里親希望の
審査を厳しくしたのも
せっかくお声がけ
頂いたのですが
すみません……
!?
…
くるみちゃんをしっかり
託せる家族を
探していたからだった

そんな時だった
「飼えない」とたらい回しに
されていたこの猫に
ある家族があらわれた

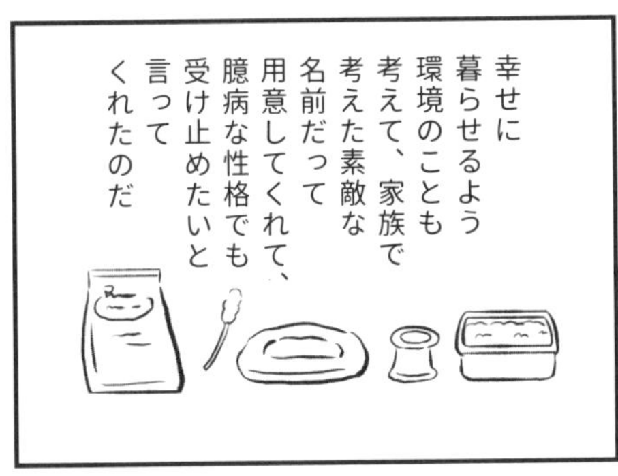
幸せに
暮らせるよう
環境のことも
考えて、家族で
考えた素敵な
名前だって
用意してくれて、
臆病な性格でも
受け止めたいと
言って
くれたのだ

「家族になりたい」
そう言ってくれた
その時の笑顔は
とても優しかった

ようやく
出会えたと思った

ここがきっと
「ずっとのおうち」になると
思っていたのに

何も知らないくるみちゃんに対して私はこう言った
大丈夫だよ

だけど、送り届けた先はずっとのおうちではなかったようで
?

正直、かなり落ち込んだ
ずううううん
毛って…
抜け毛って…

数多くの言葉を
この子のために
責任持って
大切にします
頑張ります
私たち人間は持っているのだが

選ばれた言葉は一見重いようでとても軽かったようだ
結句、言葉だけ…
家族になりたい
頑張ります

言葉を話せないこの子たちと向き合うときも
ごめんね
そこにはいつも言葉だけが存在している

どんな慰めの言葉も謝罪の言葉も
この子には何ひとつ届かないのに

その復讐に幸あれ ⑥

その復讐に幸あれ ⑦

飼い始めることは
いつも簡単で
飼い続けることは
とても困難で

手放すときは
ほんの一瞬で

驚くほど簡単で

おばあちゃんは置いてきた
猫のことを思い出す日が
あるのだろうか

面倒事を片づけるかの
ように謝っていたあの人は
今どこで
何をしているだろうか

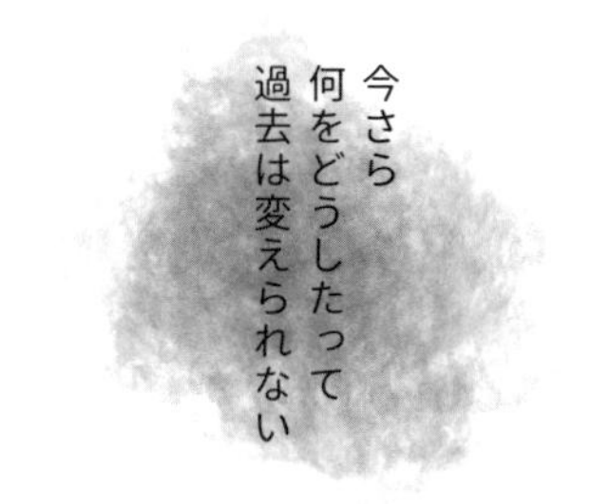
今さら
何をどうしたって
過去は変えられない

もう
もう誰も
信じられへん…
人間不信や

ゴロ
ゴロ…

それでも……
ん？
にゃー…

その復讐に幸あれ

⑧

すりっ…

何を言ってもこの子に
言葉なんて通じないし
この子の言葉を聞くことも
できないのに
ちょこん…

にゃー

この子のために私は
一体何ができるだろう

ゴロ…
ゴロ…
スヤァ…

文句のひとつでも
言ってしまえば

このモヤモヤが
少しは晴れるかもしれない

電話一つで
復讐が
できるかも…
ズォォォ…

その復讐に幸あれ

⑨

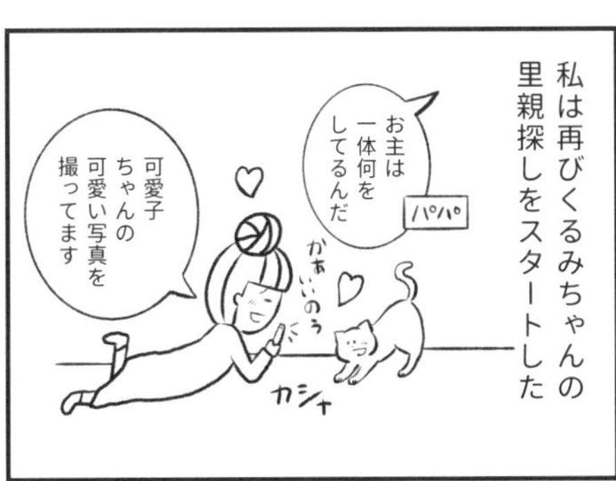

人間不信はどうしたのよ
可愛い子に弱い。
パパ
ねぇ、
また返されたらかわいそうだしうちで飼ったら？

・・・

パパよ。
私はこの子が眠ってる姿を撮ったことないのよ
なぜだかわかるかい？
よく遊ぶから？
ちっがぁぁあああう！
うず
うず
ロックオン！

仕事や子育て、家事の傍らの保護活動。
まっててね〜
トイレそうじ中。
くるみちゃんだけを構ってあげられる時間はほんのわずかで
かまってアピール中。

その少ない時間でくるみちゃんはいっぱい甘えてくれた
ごめんね寂しいね
すりっ

何度怖い思いをしても

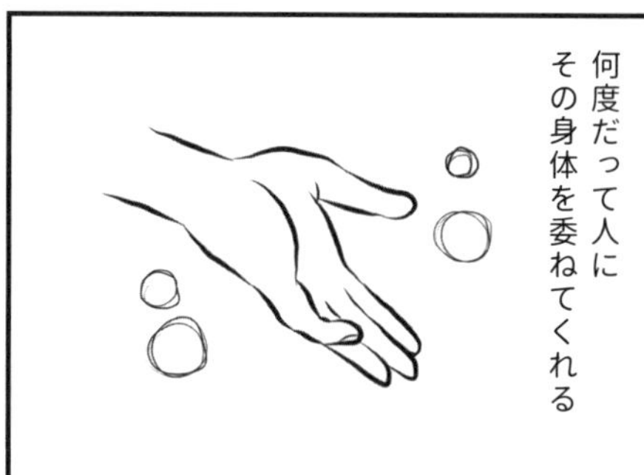
何度だって人にその身体を委ねてくれる

だから私もこの子のように
すりっ…
何度でも人を信じてみたいと思った

溢れんばかりの
包容カッッ!
キラ
キラ

その復讐に幸あれ ⑩

そんな時、
あるメッセージが届いた
くるみちゃんを家族に迎えたいと……
ピコーン♪

綴られていた
長い文面からは
くるみちゃんを想う
優しい気持ちが
伝わってくるようだった
?

この言葉をまた
信じられるだろうか
家族になりたい
にゃ

やり取りは順調に進み、
ビデオ通話で面接させて
もらうことになった
ごめんごめん!
楽しみだね!
パァアア

くるみちゃんと生活する
ことについて一から丁寧に
説明した
ビデオ通話中
慣れると凄まじく
可愛いのですが、
根は怖がり
なので
通院や
来客時は
怯えるだろうし、
毛は抜けるし、
爪は伸びるし…etc
ズモモモ…
長所も
頼むよ?

画面越しで私の話に
深くうなずきながら
真剣に耳を傾けてくれた

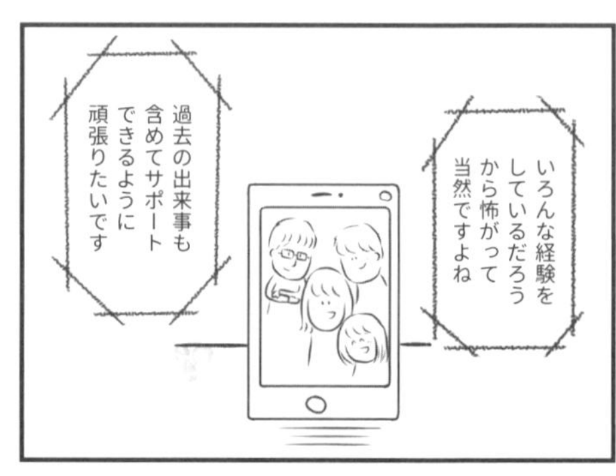
いろんな経験をしているだろうから怖がって当然ですよね
過去の出来事も含めてサポートできるように頑張りたいです

これからがきっと
くるみちゃんです
ちわ
キャーかわいい
くるみちゃんの再スタートだ

その復讐に幸あれ

⑪

無事に送迎の日が決まり通話を切った
よさそうなご家族だったね！

この家族ならきっと誰よりも
あなたのことを想ってくれるだろう

うれしいのか寂しいのか
わからないけど涙があふれた

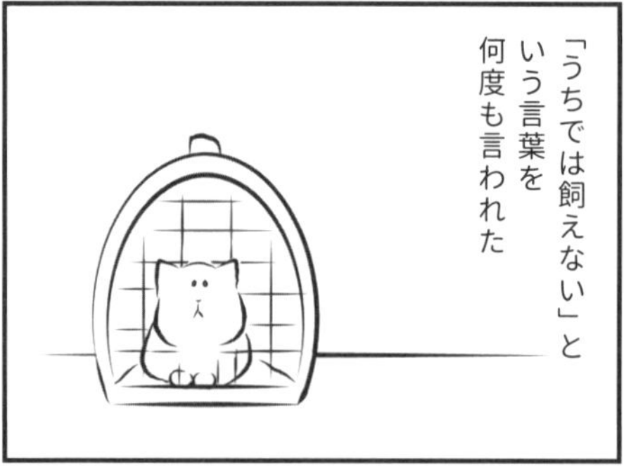
「うちでは飼えない」という言葉を何度も言われた

「いらない」「不要だ」と言われた気がしてその度に何度も胸が苦しくなった

その復讐に幸あれ ⑫

「家族」になりたいです

今、きなちゃんの周りは
いつも
温かい言葉であふれていて

たったひとつの
家族の
たったひとつの
かけがえのない
存在になった

アイルランドの
古いことわざに
こんな言葉がある

「最高の復讐は、
幸せな人生を
送ることである」

その言葉どおり、
くるみちゃんは家族に
温かく迎えられ
お名前は
きなちゃんって
いうのよ。
今はとても幸せに
暮らしている

くるみちゃんは
自分だけの家族を
きな～♡
はーい♡
やっと
見つけることができた

誰よりも幸せな猫に
なったんだ
ピコン♪
お
本当に
可愛くて
毎日家族
みんな
癒やされて
います！
写真も
送られて
きてる♡
どれどれ…

あー…
こりゃ
ポロ
あかーん
ポロ
泣くわー

世界で一番幸せな
復讐を果たしたんだ
里親さん

CHAPTER 3

⊃ 足湯さん ⊂

» 血だらけ狂暴猫との闘い

血だらけ狂暴猫との闘い ①

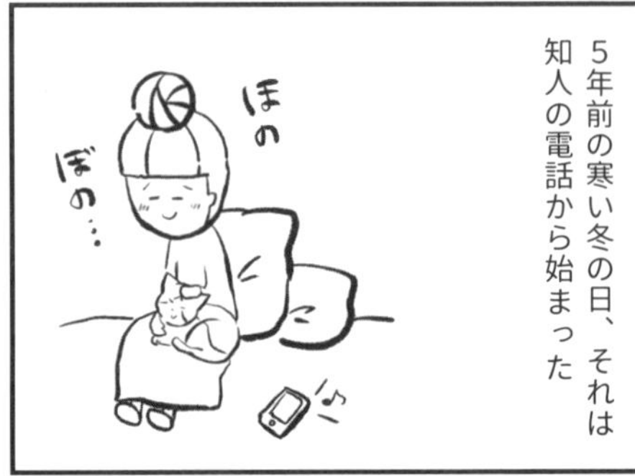

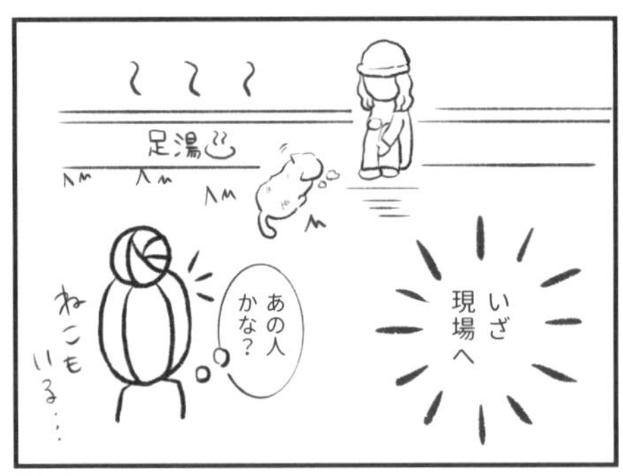

血だらけ狂暴猫との闘い

②

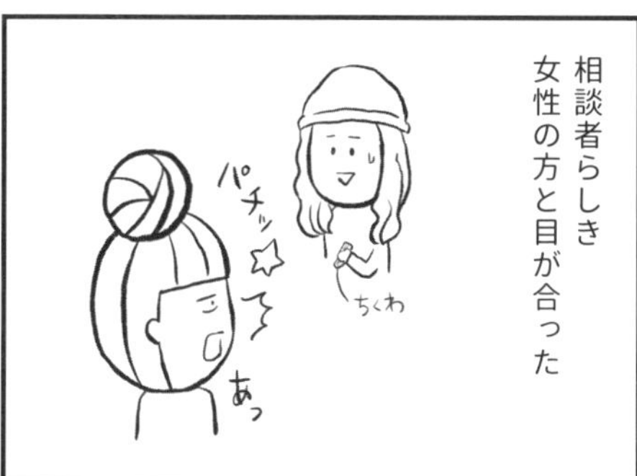

血だらけ狂暴猫との闘い ③

彼女はたまたま
観光で訪れていたらしく、
その猫については
何も知らなかった
よかった〜

私の脳内はお花畑だった
今までよく
頑張ったネ
もう
大丈夫だヨ☆

無事に
捕獲できて
よかったです！
時間ないので
このまま病院へ
連れて行きますね

そしていざ動物病院へ……
念のためネットに
入れましょうか
素手で捕獲
したんスよ
自分
すごないっ？
HA HA
AHA
HA HA
パカッ

動物病院へ
向かう車の中

そして、次の瞬間
悲劇は起こった——
HA HA HA
HA...

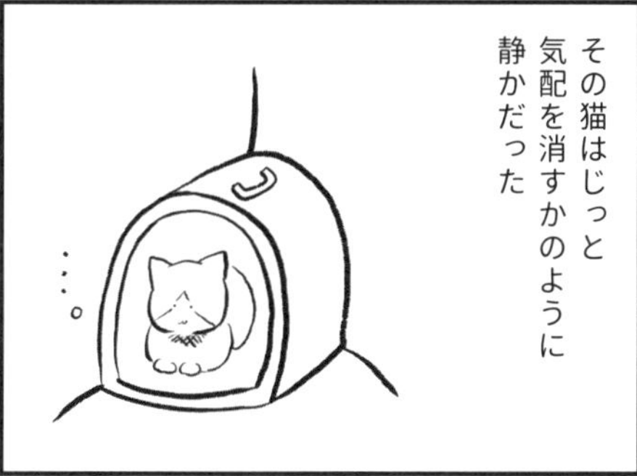
その猫はじっと
気配を消すかのように
静かだった
…。

バッ
!?

血だらけ狂暴猫との闘い ④

血だらけ狂暴猫との闘い ⑤

血だらけ狂暴猫との闘い ⑥

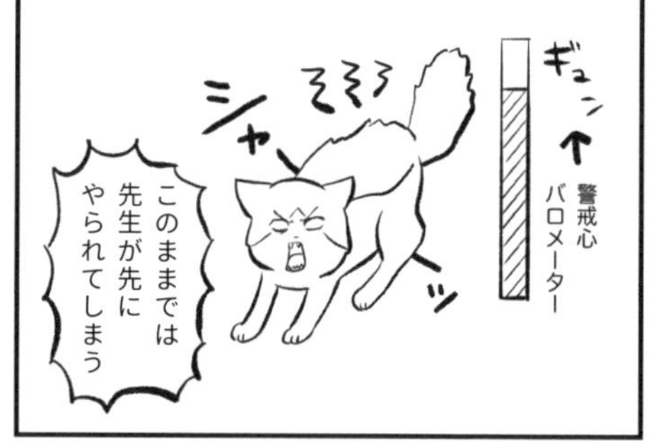

血だらけ狂暴猫との闘い ⑦

ばんっ
ノミ
かなぁ
多分ね

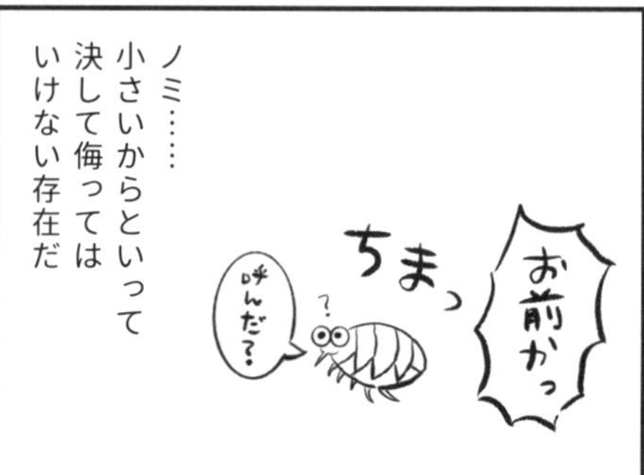
ノミ……
小さいからといって
決して侮ってはいけない存在だ
お前かっ
ちまっ
呼んだ？
？

ノミの生命力、
繁殖力は凄まじく
噛まれて吸血されると
アレルギー症状として
激しい痒みに襲われる
ん？
なんか
かゆ…？

血を吸われた時に
細菌が赤血球に
寄生することで
起こる、貧血にも
つながるのだ
ガシ
ガシっっ
かっっゆ
cc

ちなみに
気温が13℃
あれば私たちって
活性化するから
室内だからって
気を抜かない
ことね
ふふん

私がやるべきことは
ただひとつ！

駆逐してやる！

ぐわっ
その身体から
1匹残らず！

血だらけ狂暴猫との闘い

⑧

噛まれた痕をよくよく見てみるとその傷は親指を貫通していた
貫通って
やばくねて
グロォ
※グロすぎて見せられないよ！

それからも検査や治療は続き……
てきぱきっ

ケージごと猫を車に乗せ子どもたちを保育園に迎えに行った
帰宅するや否やのんちゃんが衝撃的な一言を……
シャーッ！
ひぃっ…

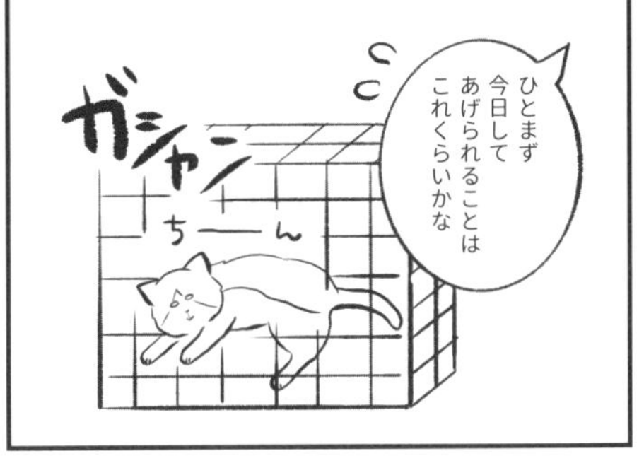

ひとまず今日してあげられることはこれくらいかな
ガシャン
ち――ん

血だらけ狂暴猫との闘い ⑨

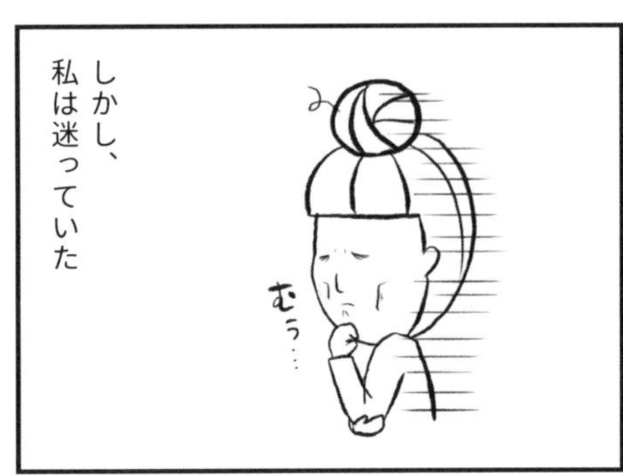

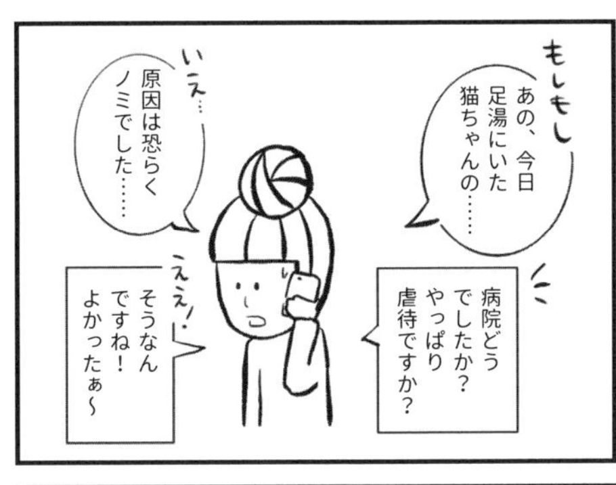

怪我が治るまでは
リリースができないこと、
警戒心の強さから
里親を探すとしても
かなりの時間と費用を
伴うことを説明した

血だらけ狂暴猫との闘い ⑩

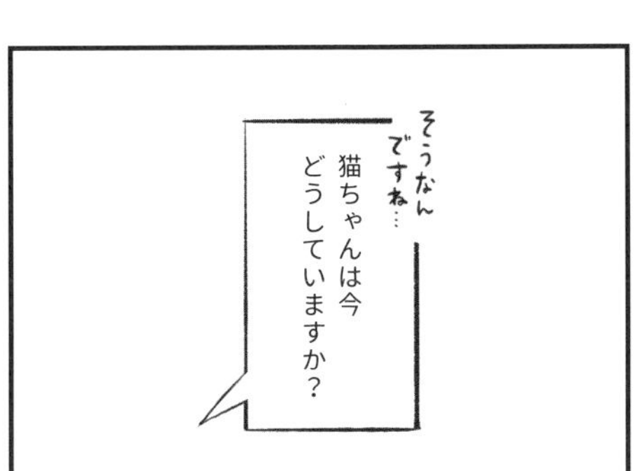

ちらっ

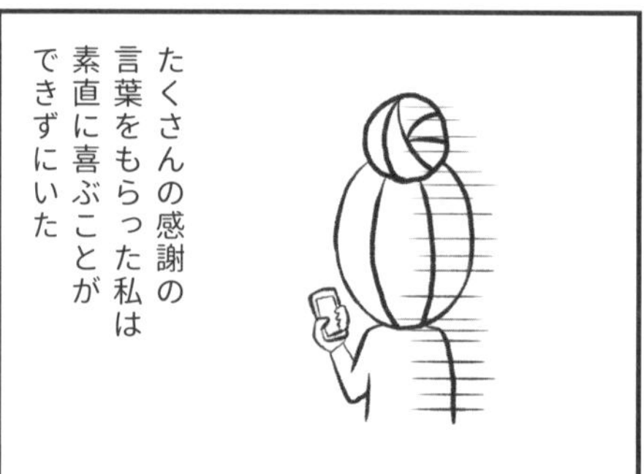
たくさんの感謝の
言葉をもらった私は
素直に喜ぶことが
できずにいた

ビクビク…

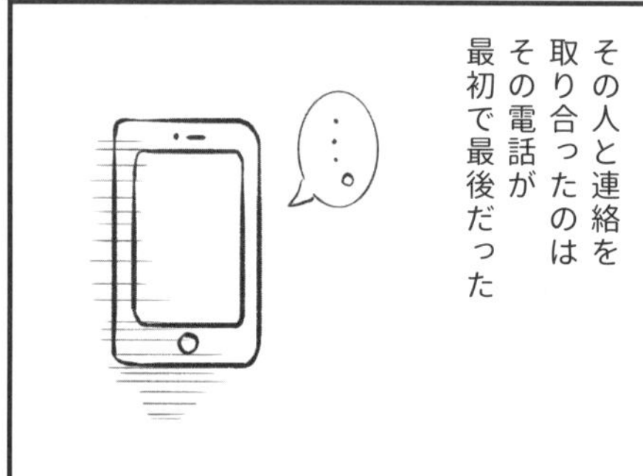
その人と連絡を
取り合ったのは
その電話が
最初で最後だった
…。

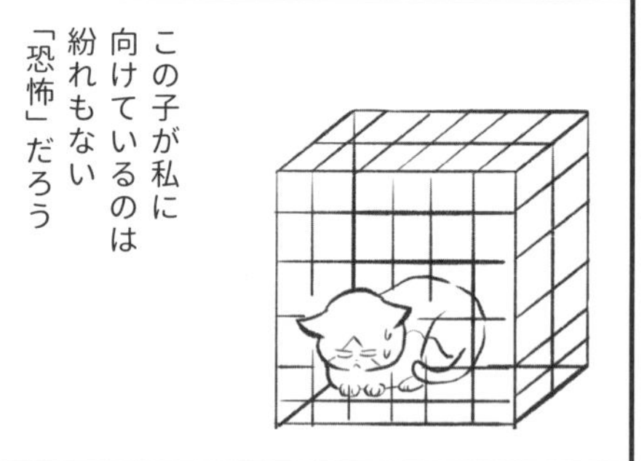
この子が私に
向けているのは
紛れもない
「恐怖」だろう

名前を考える暇もなく
「足湯の猫」と
呼ぶことになり
安易すぎるやろ…
考えろや

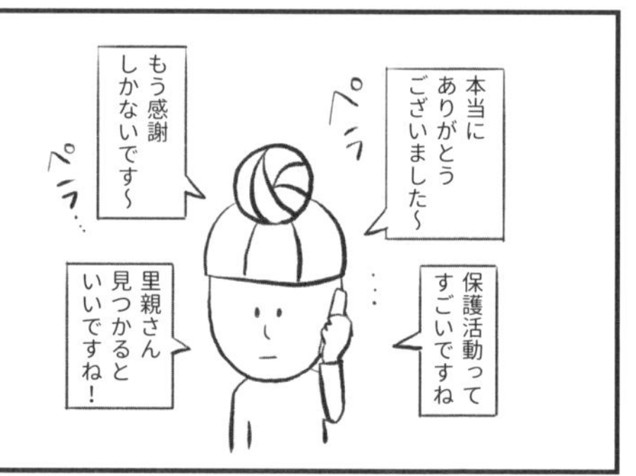
ペラ
本当にありがとうございました～
もう感謝しかないです～
ペラ…
…
保護活動ってすごいですね
里親さん見つかるといいですね！

お金とか時間とか……
今後の方向性も
決まらないまま頭の中は
ごちゃついていた
Zooo

血だらけ狂暴猫との闘い ⑪

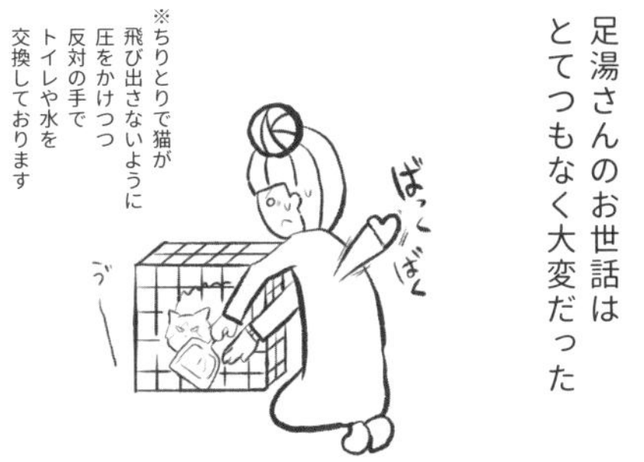

血だらけ狂暴猫との闘い

⑫

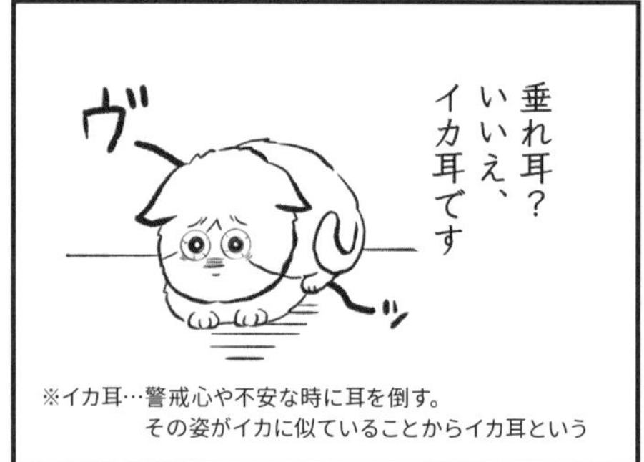

※イカ耳…警戒心や不安な時に耳を倒す。
その姿がイカに似ていることからイカ耳という

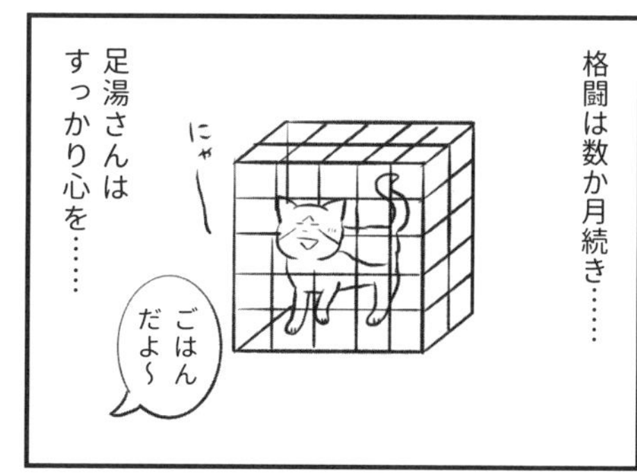

格闘は数か月続き……
足湯さんはすっかり心を……
にゃー
ごはんだよ～

様々なお近づき作戦はことごとく失敗していたが
傷より心が痛ぇ
みゃー

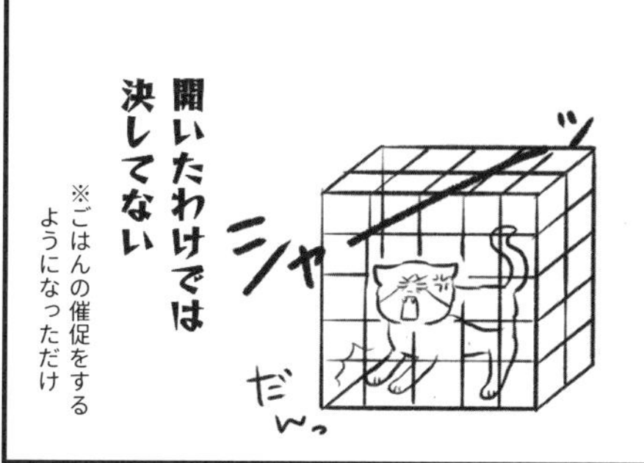

開いたわけでは決してない
※ごはんの催促をするようになっただけ
ツ
シャ
だんっ

ぷん
すか

一方、傷口は少しずつ治っていった
じーーっ

そんな姿も愛らしいと感じていた
ういやつめ
でれぇっ

そして、選択しなければならない時が来た
傷口はもう大丈夫！
手術してリリースの準備をしようか

血だらけ狂暴猫との闘い

⑬

…………

情が湧くほど
いまだに結論は出ない。
悩みは深まる一方だった

室内で暮らす
飼い猫の平均寿命は
15歳以上と
いわれているけど

屋外で暮らす
野良猫の平均寿命は
3~5歳だと
いわれている

交通事故や感染症
野生動物などの天敵
厳しい天候……
常に危険と
隣り合わせな環境

野良猫の住む世界は
想像以上に過酷だ

血だらけ狂暴猫との闘い ⑭

そんな危険から
彼らを守るためには
安全な室内に迎えて
あげることが必要なのかも
しれない

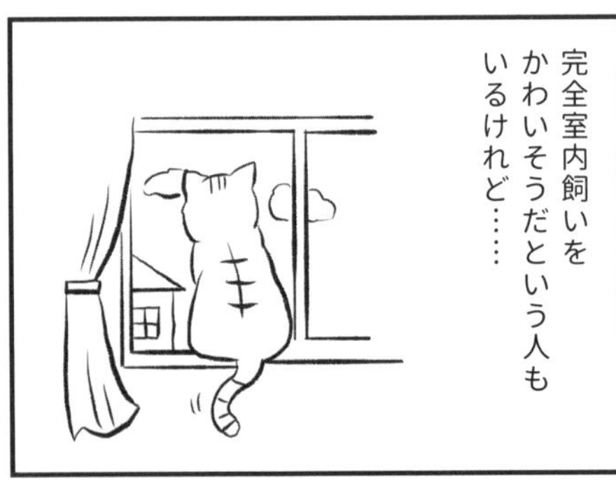

完全室内飼いを
かわいそうだという人も
いるけれど……

猫は行動範囲の狭い
動物だと知られている
不妊手術をした猫で
あれば1日の移動距離は
40～100ｍ程度という
データもあるくらいだ

でも、それは猫自身が
安全で安心であることを
認識した上でしか
成り立たない

なーぜ
そんなに
移動距離が
短いのかって？
ふっふ
ふっふ
お教えしましょう

おどっ…

なぜなら、
猫は1日の
3分の2を
寝て過ごす
省エネ動物
だからぁぁ
どん！
zz…

やっぱり
君は
元の場所に
帰りたい？

どうせ寝て過ごすのなら
安心できる
場所が
よくね？
……と、私は
思ってしまうのだ

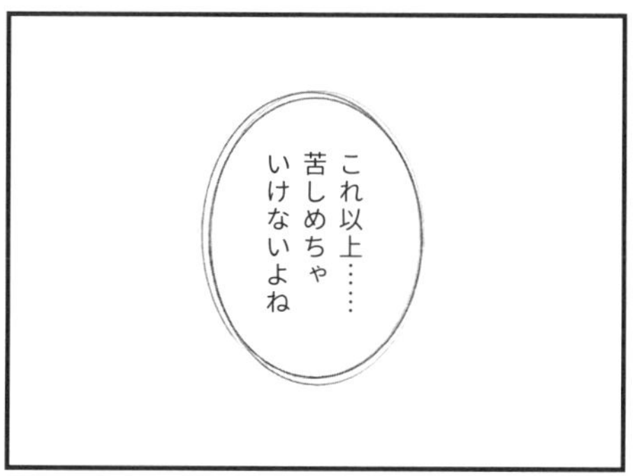
これ以上……
苦しめちゃ
いけないよね

血だらけ狂暴猫との闘い ⑮

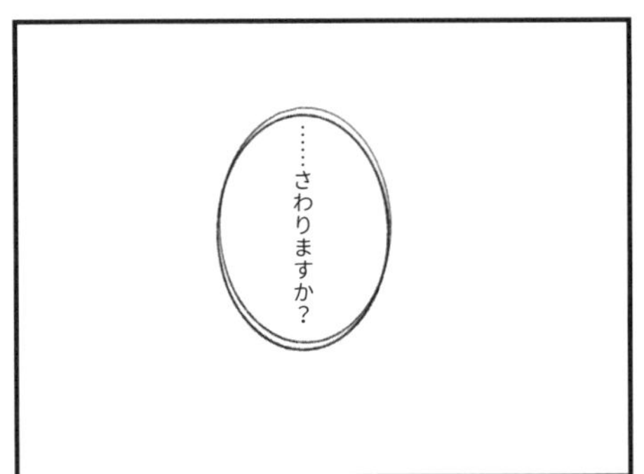

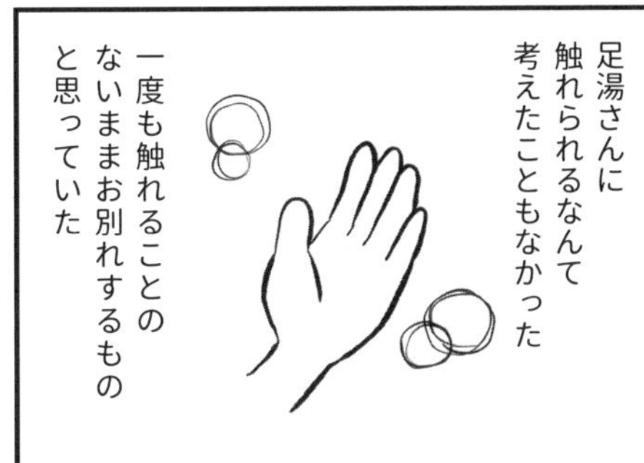

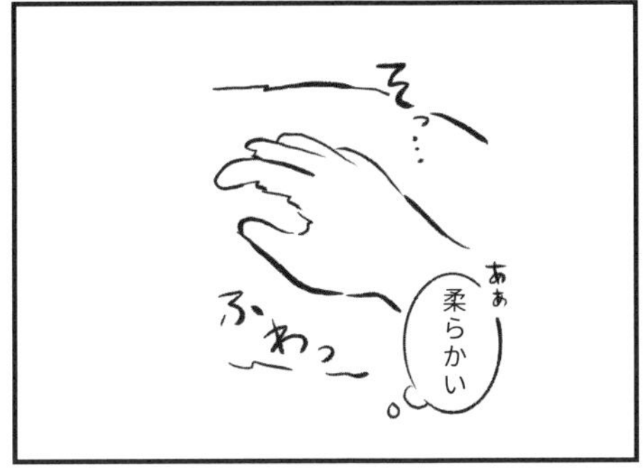

血だらけ狂暴猫との闘い

⑯

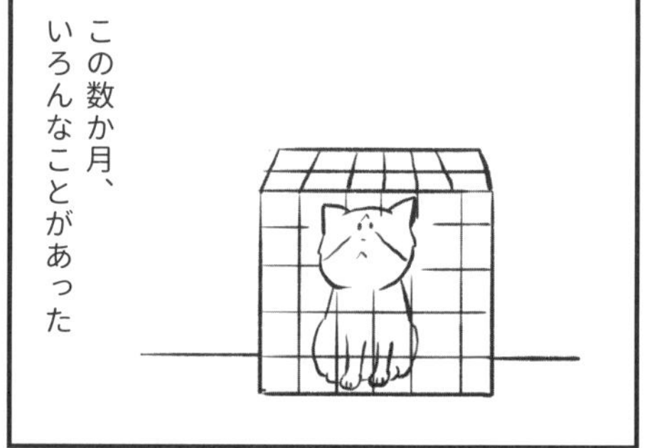

血だらけ狂暴猫との闘い

⑰

私はこの子が好きで
好きでたまらないんだ

諦めたくないんだ
・・・。

なんか泣いたで
ギョッ

元気な姿がうれしくて
ニヤニヤが止まらなかった
でっれぇぇ
そんな私を家族は
変態だと言って笑った

そんなこんなで
足湯さんは我が家で
滞在を続けることになった
そろ〜り……

血だらけ狂暴猫との闘い
⑱

警戒心に
何ら変化はない
ファーッ！

それからのお世話も
想像していたとおりだった
シュタッ
ぱたむ

ごはんだけ置いて
立ち去ればいいものを
にじり
にじり
コト

やっぱり
仲良くなりたい
(切実)
ちゅ〜る
いかが?
バシ

あら〜
また
やられたの?
ぐすん
慰めてぇ
← 娘

ママは
あしゅんちゃんが
すちねぇ〜
← 3さい

ははっ
「あしゅん」
じゃなくて
「あしゆ」だよ
あしゅん
あ・し・ゆ!
あ・しゅ・ん!

大変だったけど
リリースしないという選択を
後悔することはなかった
お昼寝
してる
ふふ…
2階のマド

その後しばらくして
足湯さんの部屋には
新しい保護猫の
まめちゃんがやって来た
何奴!?

足湯さんは人懐こい
まめちゃんのことを
すんなりと受け入れた
他の猫には
友好的!?
ん。

血だらけ狂暴猫との闘い

⑲

まめちゃんも元野良猫だったがとても人間が好きな子だった

そんな光景を足湯さんは遠くからただ見ていた

そしてまめちゃんとの同居がその後の足湯さんを大きく変えていくことになる

数か月が過ぎ、なんと足湯さんはごはんの時に自分から近寄ってくるようになった

まめちゃんにごはんを取られまいと必死なその姿は

ちょっぴり無防備だった

浮かれていた矢先、まめちゃんが里親さんの元に行くことが決まった

血だらけ狂暴猫との闘い

⑳

・・・・・・・・・・

距離は少しずつ
時間をかけて
確実に近づいていた

ぐいぐい

血だらけ狂暴猫との闘い

㉑

どうやら触れられることに
すっかり抵抗をなくして
しまったようだ
すぅうー
すんっ

足湯で保護された
足湯さん。
成り行きのまま
ついてしまった
へんてこりんな
名前
むっ

私はこの名前を
呼ぶのが大好きだ
キャー♡
あっしゅーん♡
のんちゃんのがうつってる
バッ

ぷいっ
そんなあっ
変な名前で呼びおって

アーッ
どうしてなのヨオオ
メンヘラ発動っ
私が何したって言うのよお

今ではこの上なく
ぴったりな名前
だと思っている
ぐる…
ん？

すべてを包み込む
ことはできなくても
ぐるる…
ぐるるん…
ぐるる…

ツンデレ最高ッ
もふっ
バッ

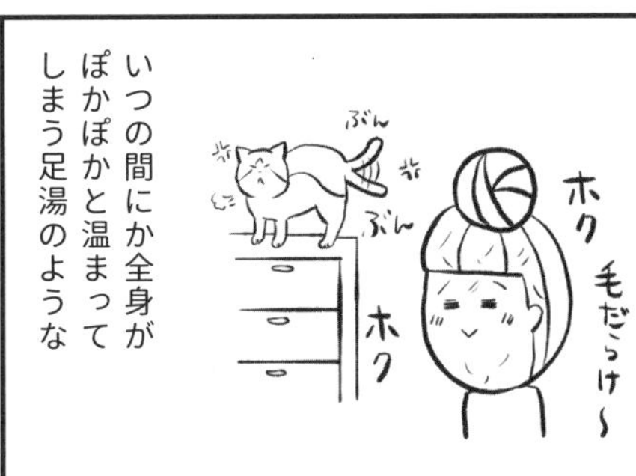

血だらけ狂暴猫との闘い ㉒

血だらけ狂暴猫との闘い

㉓

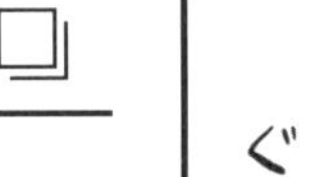

血だらけ狂暴猫との闘い

㉔

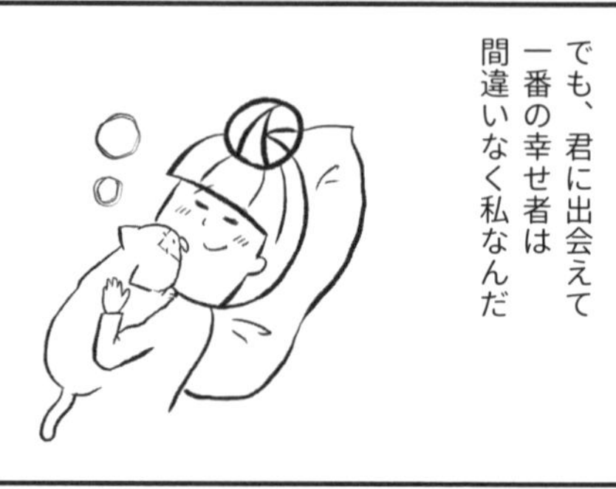

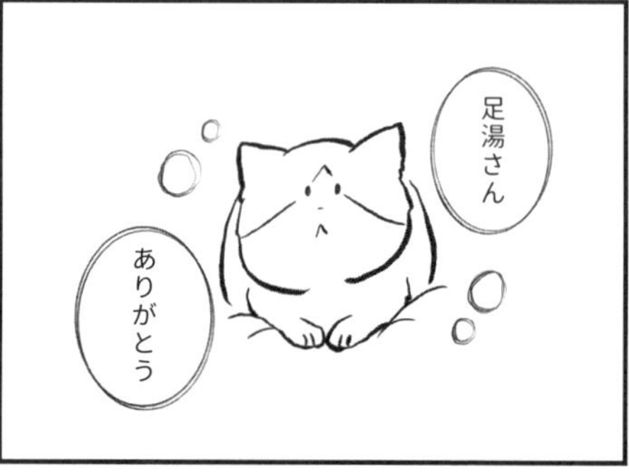

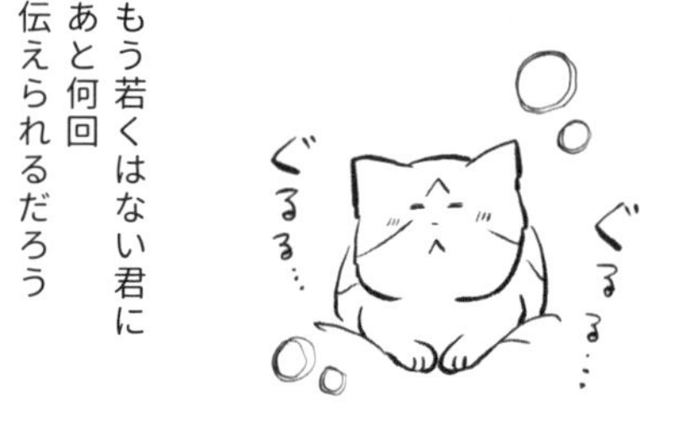

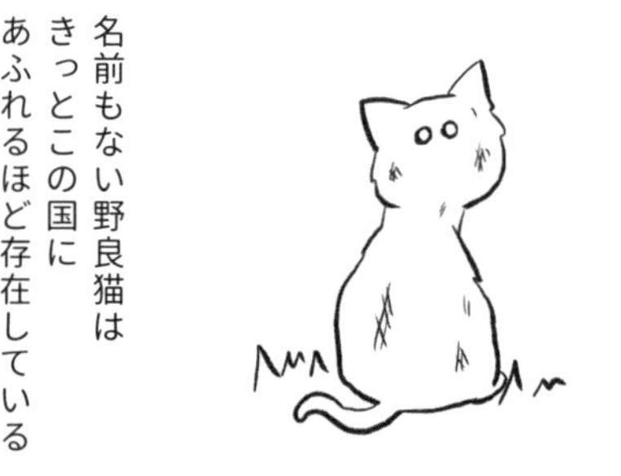

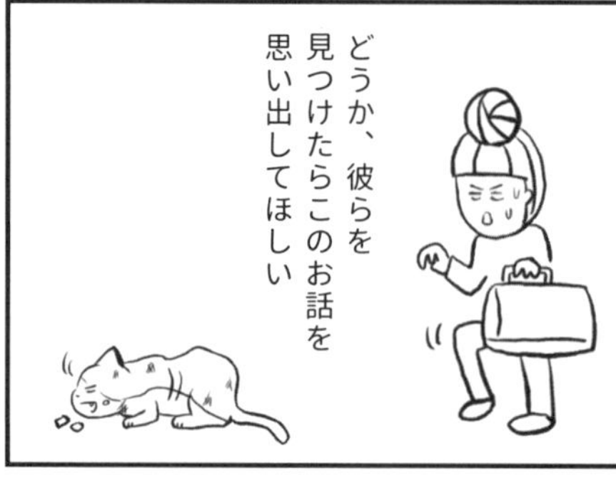

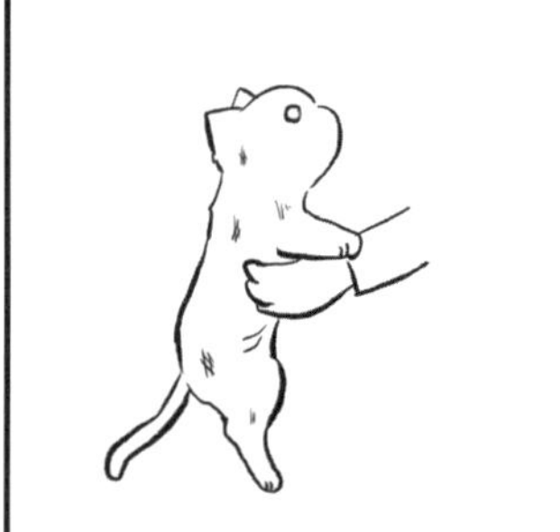

そして、
痩せていて
汚れていて
名前もないような
猫でもきっと

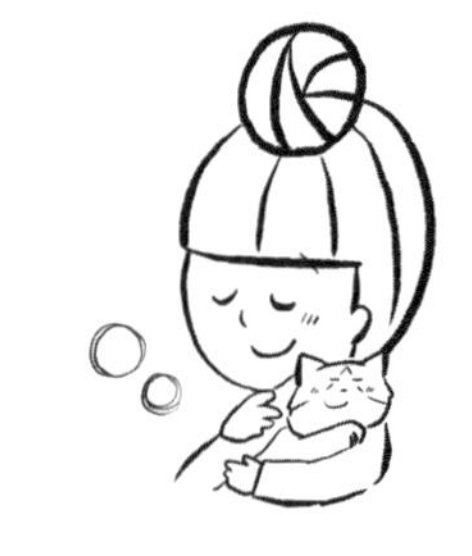

誰かのかけがえのない
存在になれるということを

CHAPTER 4

こいちゃん

» 生まれつき弱い子

生まれつき弱い子 ①

ある日、一緒に仕事していた先輩が言った
あれ？ 今、何か通らなかった？
裏口のドアに影が…

何だか猫っぽかった気が……

気のせいかな……
裏口のドア…？

!?
ゆらっ

キュピーーン！
はい
猫確定

すちゃ

そろり…
ドキ
ドキ…
カチャ…

裏口を開けると
通路の行き止まりに
痩せ細った子猫がいた
あっ
いま
した!
キョロ
キョロ

生まれつき弱い子

②

その猫が振り向いた瞬間
私は気づいてしまった

この子の目が
見えていないことに
うろ
うろ

私の気配に気づいた
子猫はその場で
慌てふためいた
あた
ふた
わっ
危ないっ
ぶつかるっ

ザザッ
あっ
あっ

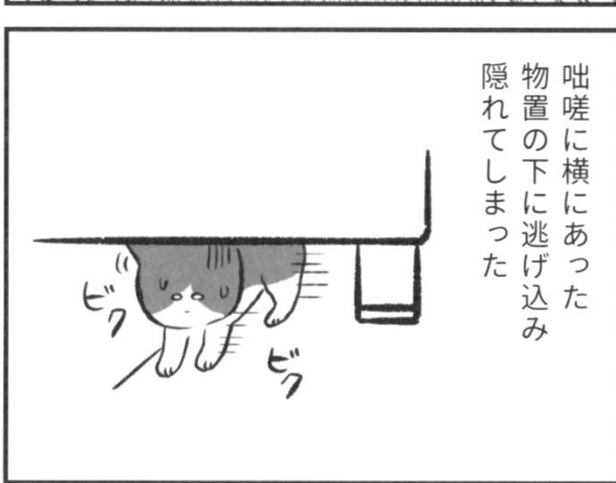
咄嗟に横にあった
物置の下に逃げ込み
隠れてしまった
ビク
ビク

体はまだ
子猫だったけど
警戒心だけは一丁前だ

生まれつき弱い子 ③

そうやって
今まで
小さな体を
必死に守って
きたのだろう

ザシッ
捕獲網
ちゅーる
カッケェ

体は痩せていたが
放浪していた割には
汚れているわけ
でもなかった
はぐ
はぐ
野良じゃ
ないのか?
あ、
でも…

ちゅ～るで
出てきました!
すげえ

放浪中に何度も
ぶつかったのか
顔中が傷だらけで
鼻は真っ赤に
腫れていた
カリ
カリッッ

よっぽど
お腹減って
たんですね…
ですねぇ

捕獲前ほどの
警戒心はなかったものの
触らせて
くれた!

そんなこんなで
その子猫は我が家に
居候することになった
たんと
お食べ!

感情を表に
出そうとしなかった

生まれつき弱い子 ④

ハードル高かったか……？
ダメ元で手に取りっ

すちゃ
♂
そこで…男は胃袋を掴めと教わりましたので……
?

さすがに無理か？

くん
ちゅ〜
くん
お食べ〜

…

ふいっ
ちゅ〜
そんな

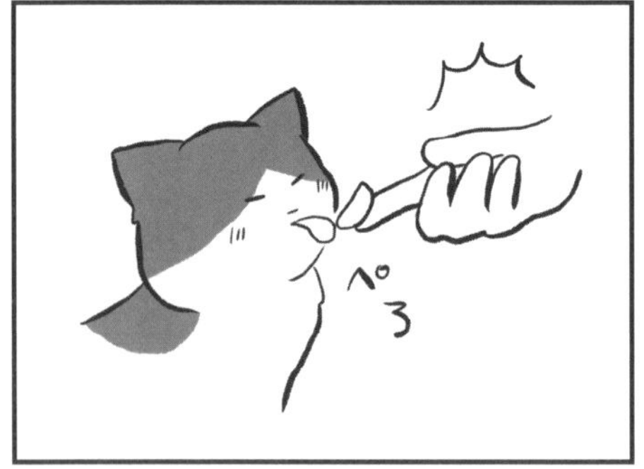
ぺろ

食べた!
(しかも手から)
ずぎゅ
あん!!

嗚呼…
何だろう
この気持ち…
ぺち

何だか優しい
気持ちが
溢れてくる…
この気持ちの
原因はきっと…
ふふっ

そう…これはきっと
幸せホルモン…
オキシトシン!
ドッパーン!

生まれつき弱い子 ⑤

数日後——
にゃああぁぁん

はーい
ごはんね〜
にゃあ
あん!
メシーッ

胃袋
掴めたり
フッ
はぐ
はぐ

その猫は
すっかり慣れたようで
キレイに
食べたね！
カラッ

すん…
…って
あれ？

バァン！
「その猫は」
ちゃうねん！
名前考えな！
いい加減っ

ピシィッ
保護活動
あるある
名前が思い
浮かばない
（ネタ切れ）
だがしかし
全く思い
浮かばぬっ

そんなことをSNSで
つぶやいたら、こんな
コメントが届いた
こいちゃんは
どうですか？
おっ

たくさんの人が
この子に恋をして
しまいますように

そんな願いを込めて

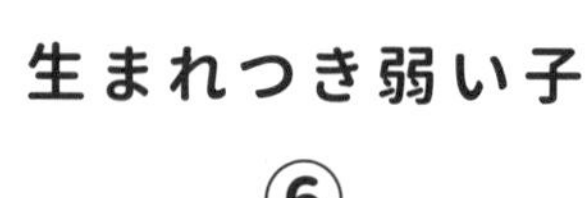

生まれつき弱い子

⑥

めっちゃええやんッ
どおっ

こいちゃんが我が家に来て2週間が経過した頃
でれっ

そんなこんなで…
君の名前はこいちゃんになりました！
?

もの凄い物音で目が覚めた
!?
バッ
ガタ
ガタッ
ガ

なんかよう知らんけど…
にゃあああん!!

こいちゃんのいる部屋からだ

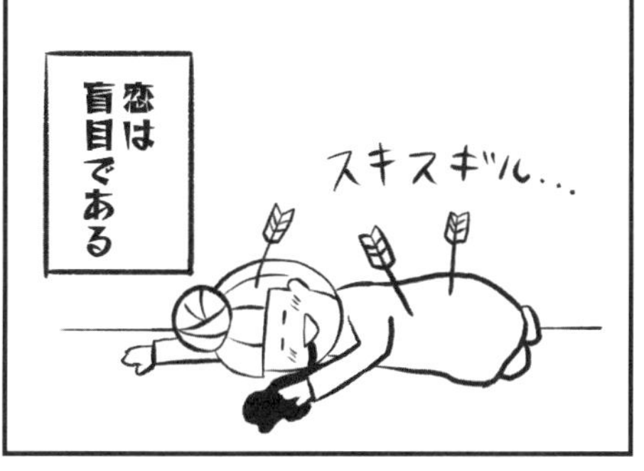
恋は盲目である
スキスギル…

少しだけ、嫌な予感がした
何か落としただけだよね……

急いで駆けつけると
バタンッ

こいちゃんっ
バタ
バタ
ピクッ
ピクッ

生まれつき弱い子 ⑦

こいちゃんは痙攣を起こして倒れていた
ハッ
動画とらなっ

急いで携帯でその様子を録画し、時間を記録した
2分半…
ピピッ

動物病院へ行った時その様子を細かく伝えるためには撮影するしかない
結構長いな……

冷静な対応をしながらも、私の心臓は弾けそうなほど波打っていた
バク
バク

よろ…
収まった!

生まれつき弱い子 ⑧

ふらっ
にゃあーっ

!?
すりっ

病院
行こおおおお
ぐわっ

動物病院にて……
うーん…

てんかんだね……

てんかんとは発作を
繰り返してしまう
脳の病気のことだ

それを聞いた私は……
目も見えない上にてんかんだと…？

よかったぁぁぁぁぁぁぁぁぁ
不謹慎
？

だってあの日、君に出会っていなければ

今、君はここにいなかったかもしれない
にゃー

まったく別の未来が待っていたのかもしれない

それを想像するほうがよっぽど怖かった

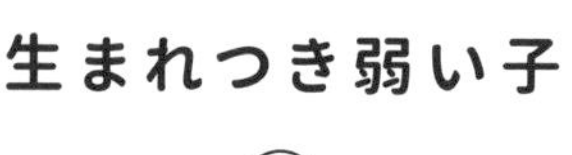

生まれつき弱い子

⑨

獣医師さんは最後にこんなことをいっていた
内服薬
こい ちゃん
1日2回
1回1包

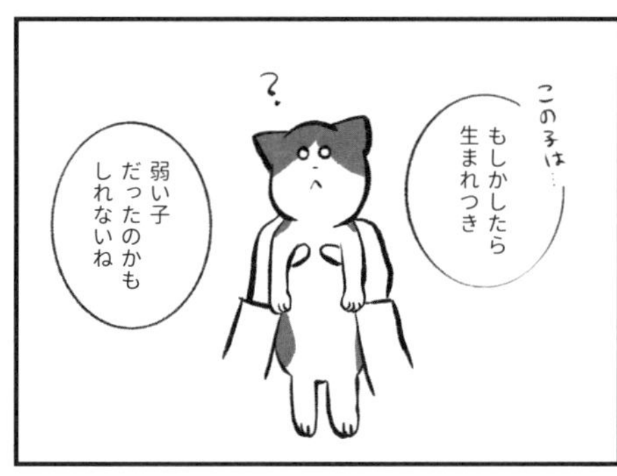
この子は…
もしかしたら生まれつき
弱い子だったのかもしれないね
?

君のことを守っていこうと決めたのに
安全第一！

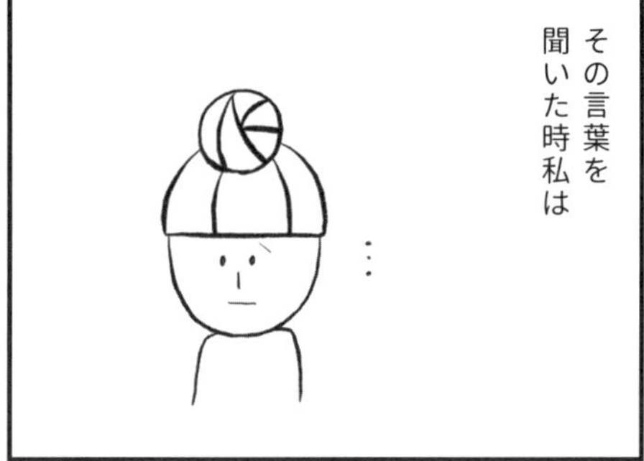
その言葉を聞いた時私は
…

私の心配をよそに
ぶつかるぶつかるっ

君を必ず守っていこうとそう決めた

ほら～
ゴンッ

てんかんの発作は投薬でコントロールができるようになった
ちゃんと飲めたね

こいちゃんは自分からいろんなことに挑戦していった
何でそんなところにっ

生まれつき弱い子 ⑩

何でそんな
高いところ
ばっかり
いくのっ
なぜって…

ハッー

だって
猫なんだから
仕方ないでしょ！
にゃーっ

ジャーン！
スロープ
つけて
みました！

ぬう…

ちょーーん
さぁ
いいよ!!

私が無理だと
思っていたことも
ぴょんっ
!?

すたんっ
着地

君は難なく
乗り越えてみせた
じーん…

他ネコにできて
ぼくにできない
ことなんて
ないのデス!!
こいちゃんは
ジャンプをおぼえた！

生まれつき弱い子 ⑪

弱く生まれた君を
守ろうと決めていたのに
キャッ
キャッ

もう…
気がつけばいつも
楽しそうな君から
目が離せなくなっていた

私は母が以前
言っていたことを
思い出した
えぐいほど童顔な
たまさんマザー
（職業：看護師）

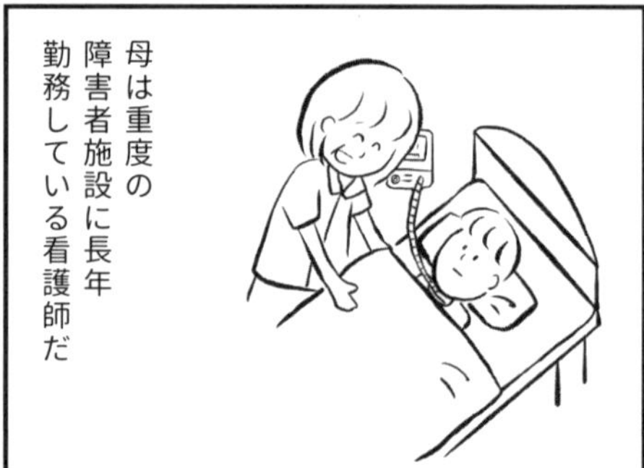
母は重度の障害者施設に長年勤務している看護師だ

先天的に遺伝子に問題がある子っているでしょう?

そんな母の仕事について軽い気持ちで聞いたことがある
結構きつい仕事なのによく何十年も勤めてるよね
すごいよね

そういう子って、ちゃんと生まれてくる確率がかなり低いんだよね……
そうなんだ…

うーん…
…

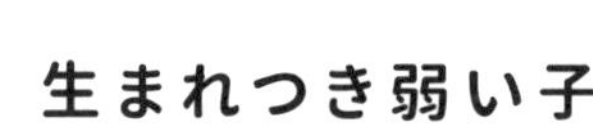
生まれつき弱い子
⑫

障害を持って生まれたり言葉を話すことができなかったり

そもそもこの世に生まれて来る前に流れたりしてしまうことが多いらしい

障害や疾患を
持ってこの世に
生まれてくることって

だからこの子たちは
本当は初めから
私たちよりずっと
頑張り屋さんで
強くたくましい子
なんだと思うよ

きっと通常に
生まれてくるよりも
何倍も大変なこと
なんだよ

確かに
しんどいことも
多いけど
お母さんは
今の仕事が
好きだな

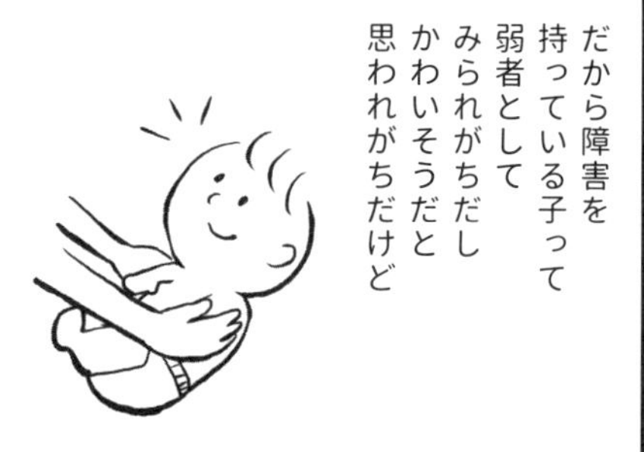
だから障害を
持っている子って
弱者として
みられがちだし
かわいそうだと
思われがちだけど

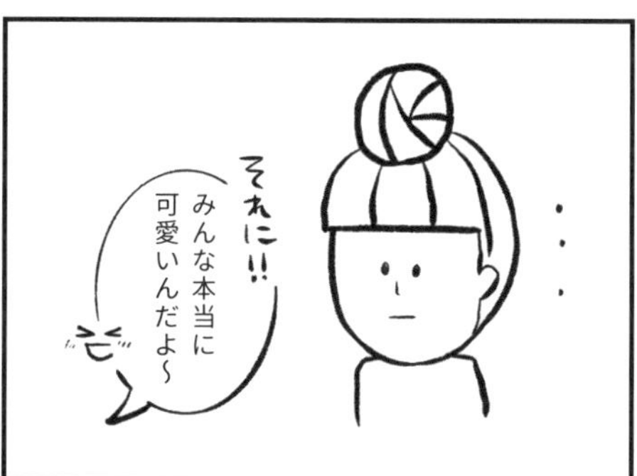
・・・
それに!!
みんな本当に
可愛いんだよ〜

価値を持って
生まれてきたっていう
何よりの証し
だったりするんだ

あんた…
ええ大人やな

生まれつき弱い子

⑬

まだ幼いのに
目も見えない
うすぐもった
世界でたった1匹

痩せ細った体で
さまよい続けながら
一体何を思って
いたのだろう

保護した日の
こいちゃんの体は
放浪していたとは
思えないほど
汚れていなかった

それなのに、
こいちゃんの顔は
傷だらけで鼻は赤く
腫れ上がっていた

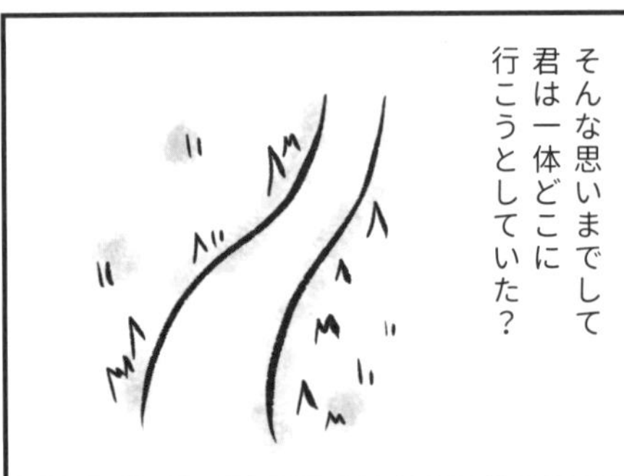
さまよい歩きながら
きっといろんなものに
ぶつかったのだろう

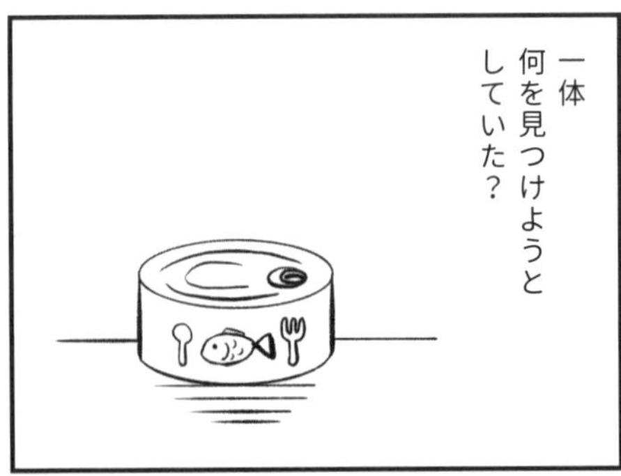
そんな思いまでして
君は一体どこに
行こうとしていた？
一体
何を見つけようと
していた？

いや、
きっと違うんだ

ただ、こいちゃんは
今を生きようと
していたんだ

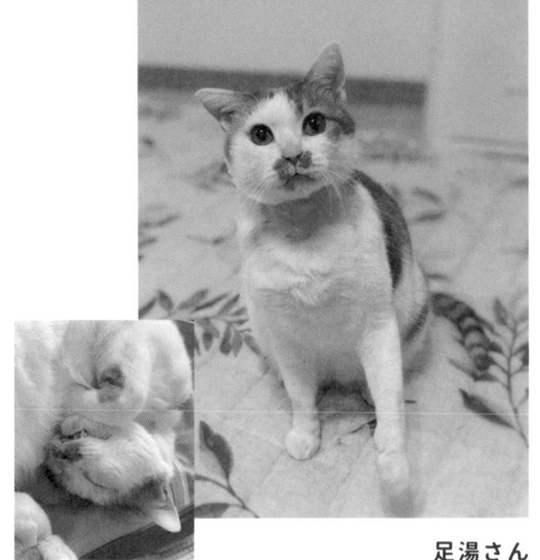

足湯さん

こいちゃん

CHAPTER 5

⼆ あくびちゃん ⼆

» 足の折れた猫

» 猫白血病って一体何？

足の折れた猫

①

連休の最終日、事件は起きた
バン
けーくんのお母さん！
←息子の友だち（小3）

ハァ
足が折れた猫がいて……
もしかしたら車にひかれたのかも……
ハァ

ズモ
なんかもうどうすればいいかわかんなくて……
モ…

ギクッ
そろーり
のんちゃん
けーくん
↑長男
↑長女

ど
ちゅ〜ると
ケージを！
ん

ハァ
ハァ
キミもついてきて
あと汗ふき！

いざ！

あれ！
いた！
ビシッ

ぐったあ
よかった！
車にひかれて
なかった！

えっ、
ちょっ、まっ…
これってもう、
し…
oh…

むくっ
…んで
なかった！
よかった!!

バーン
げそっ…
って
状態悪う

えっらい
痩せてるねぇ
いつからごはん
食べてないんよ
キミ
ごはんなら
さっき
あげたよ！

しょぼ…
でも
食べなかった
んだよねぇ
ちくわ
OMG
塩分
高いよ？

足の折れた猫

②

ほんで
後ろ足は完全に折れてそう……
あちゃー…
ねぇ
その子やっぱり治らないの?
ぶらーん…

もっと早くたまさん呼びに行けばよかったのかな
そばを離れたら車にひかれちゃうって思ったら動けなくて

ちなみにこの男の子は猫アレルギーで
その子歩けるようになるかな……
猫に触れることもできない

それでも小さな命を救おうと
守りたいと思ってくれた

ズ〜ん
わからん!
バ

足の折れた猫

バーン!
助かるかどうかなんて
わからん!

でも
この場にいてできることはもう何もないから
次に何をしてあげられるか一緒に考えよう
ぽふっ

さ、お入り…
すす…
諦めたら…そこで試合終了ですよ？
なんかキャラ変わった

猫を無事に捕獲し、ふと周囲を見回すと
パタン
あることに気づいた

この日は連休の最終日。観光地でもあるその場所は大勢の人でにぎわっていて中には野良猫へカメラを向ける人もいた
人めっちゃおるやん!!

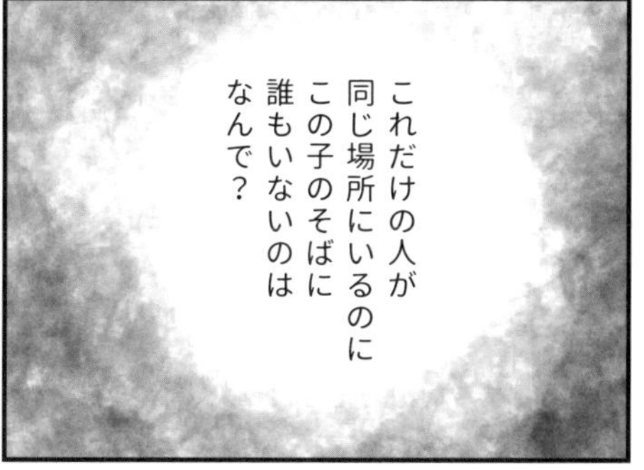
これだけの人が同じ場所にいるのにこの子のそばに誰もいないのはなんで？

話を聞くと男の子が猫のそばを離れられずに困っているときも声をかけてくれた大人は一人もいなかったようだ

わかってはいたけれど
きっとこれが現実だ

足の折れた猫

④

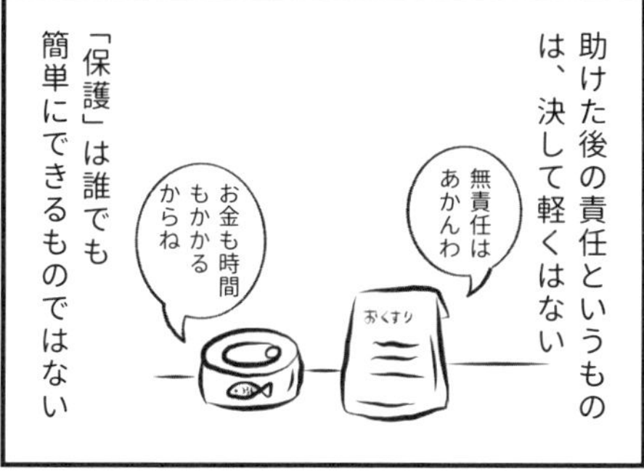
助けた後の責任というものは、決して軽くはない
無責任はあかんわ
お金も時間もかかるからね
おくすり
「保護」は誰でも簡単にできるものではない

でも、これだけの
人がいるのに
立ち止まる人
さえもいない。
この現実が
少しだけ悲しかった

複雑なことを考えるとキリがない
わがままでもエゴでもどうでもいい
私はこの子の目に映るこれからを諦めたくないだけなんだ
にゃー

足の折れた猫

めっちゃ食うやん
ガッ
ガッ

ニャー
ゴロ
ゴロ。
ゲプ
カラッ

水ものみたかったの
あなためっちゃ元気やん
死にかけちゃう〜
ビチャ
ビチャ

男の子は安心したようで元気に帰っていった
猫怖いから俺、触れない！
猫アレルギー
じゃ
名前決まったら教えてね！

子どもって面白いね
ふふ
さあ！
今日からよろし…
にゃ
…ん？
何か大事なことを忘れている気が…

ヒイイイイ
ああああああ足いいいい
元気すぎて忘れてたあああっ
?
ぶらん…

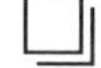

足の折れた猫

⑥

病院にて
うん折れてます
←レントゲン
ズバリッ

ですよね
ぐり
ぐり

ただでさえ栄養状態も悪いのに手術ともなれば
その小さな身体への負担は間違いなくリスクだろう

先生はいつになく難しそうな顔をしていた
じん……

骨折自体は交通事故によるものだと思うんですが
かなり時間が経過していると思うんですよね
うーん…

最悪の場合は切断になるかもですね……
切断!?
MAGIC SHOW
※イメージです

事故からかなり時間がたっていたようで幸い猫は痛みをまったく感じてないようだった

手術せずに、このまま
普通の生活を送れる
ケースもあるが
その状態を維持し続けられる
保証はどこにもない

私はこの子の未来を
守ると決めたんだ

最悪、切断でも
かまいません
先生の判断に
お任せします！
この子にとっての
最善を……
キリリッ

この子に今して
あげられることは
すべてして
あげたいです
……わかり
ました

そうですね
早いほうがいいので
うーん……明日！
うん！
明日の朝、
連れてきて
ください

わっかりましたぁ！
って……
ビッ

って明日ぁ!?
はやなーい!?

足の折れた猫

そう言い残して
病院を後にしたものの
先生の判断に
お任せします
バッ

君の名は……

心の中はだいぶパニックだった
何だかカッコつけたみたいな感じになったけどこの判断で合ってる?
手術せずにこのまま通常に生活送ることができれば何も問題ないわけ
そもそも
体重が1kgしかない
子猫に
そんな大手術が耐えられるのか?
万が一、切断となったとしても
それをハンデと感じている
動物なんていないよな……
室内で安全に暮らす訳だし
でも、でも、でも……

……あくび
「あくびちゃん」って呼んでもいいかい?

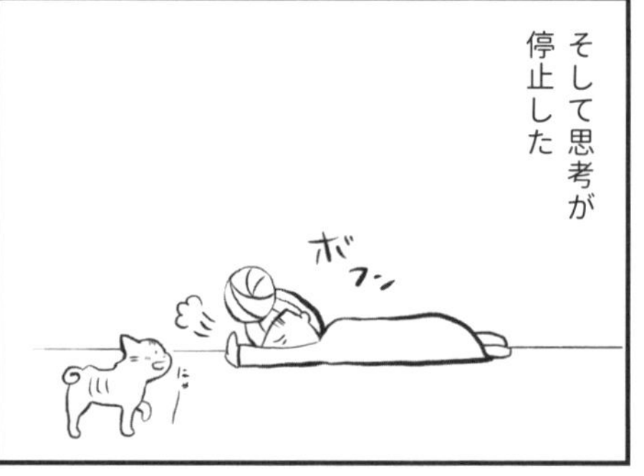
そして思考が
停止した
ボフン

あくびが出てしまうほど
平和で穏やかな日々が
送れますように

あ
そうだ
名前まだつけてなかったね

私は獣医師でもなければ
医療に特別詳しい
わけでもない
どんな結果になっても
全力でフォローしていこう

君が幸せな時間を
過ごすために
きっとそばにいる
私だからできること
すり

きっとこの子は幸せになる
そう思わずには
いられなかった

足の折れた猫 ⑧

そして迎えた翌朝
あくびさん
今日は手術だよ！

携帯を開くと朝から
たくさんの応援メッセージ
が届いていた
あくびちゃん
ファイトーー！
元気玉
送ります！
うるっ
きっと良く
なりますよ！
応援して
います！

その日の昼過ぎ、
動物病院から着信があった

バッ
はいっ！
たまさん…
今、術前の
血液検査を
行っていた
んですが……
何か
あった!?

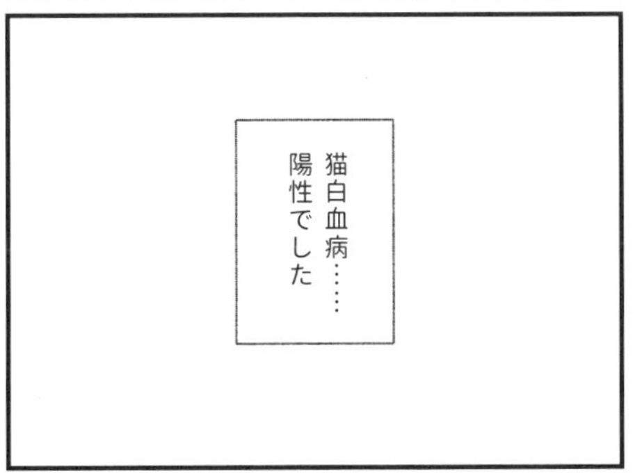
猫白血病……
陽性でした

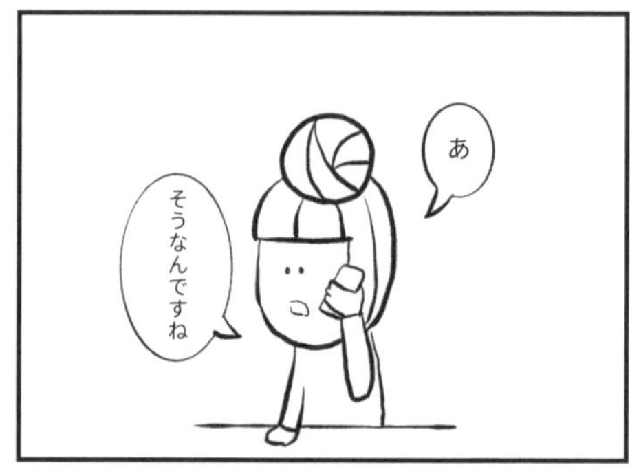
あ
そうなんですね

じゃあ…
今もう既に発症しているとしたら
そんなに長くはないってことですかね

……そうですね

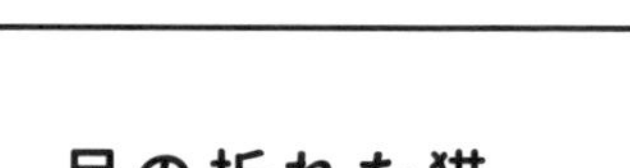

足の折れた猫

⑨

…………

その…
足の手術は……どうしますか?
…

そうか……
発症しているのなら
限られた時間しか
生きられないんだ……
手術は見送ります
迎えに行きますね

子どもたちを迎えに行き、
その足で動物病院へ
向かうことに
in車内
?
あくびちゃん今日帰ってくるの?
入院じゃないの?

検査結果が陰転する
可能性があるのは
もちろん知っていた
※陰転…陽性から陰性に変わることを陰転という

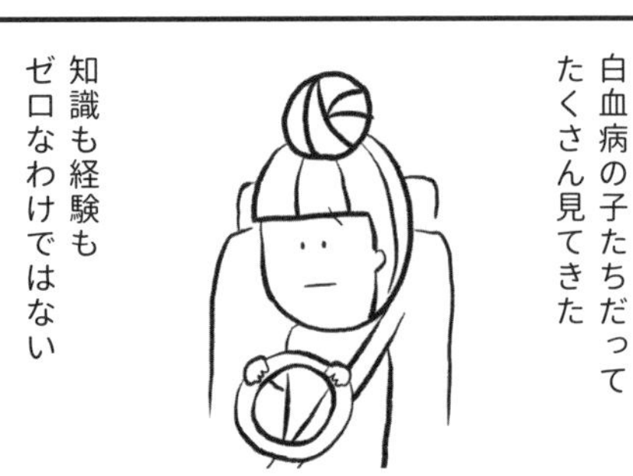
白血病の子たちだって
たくさん見てきた
知識も経験も
ゼロなわけではない

けれど、その「経験」こそが
小さな可能性さえも
否定していた
多分あの感じだと発症してるよなぁ……
ぐすっ

想像していた明るい未来が
音を当てて崩れていく
ような気がした

いろんなことを
考えている間に
動物病院に着いた
あくびちゃん連れてきますね
受付

あくびちゃんは朝と
変わらず元気いっぱいで
にゃあああぁん!!

その顔を見たら
肩の力が一気に抜けた
ホッ…

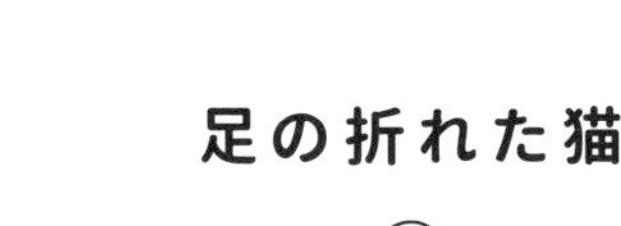

足の折れた猫 ⑩

…………

あ、たまさん
生化学の血液検査の結果なんですが……
スッ…

こっ……
これは……!
わな
わな

えっ
体重1kgしかないのにですか!?
はい
見た目も子猫っぽいんですけど……
ざーり
ざーり

めちゃくちゃ良い結果じゃないですかーーっ
ピカーッ
ん?…と言うことはて

歯石からみると推定でも1～2歳くらいかと……
なんらかの発育不良は関係していそうですけどね……

これって……もしかして発症してないのでは!?
あとですね……
?

ということは子猫特有の持続感染で確定というわけではないんでないかい?
あむ
※病原体がずっと体内にいて、排除されていない状態を持続感染という

多分この子……
子猫じゃないですよ

ゴゴ
陰性に変わる可能性もゼロという訳ではないんでないかい?
ゴゴ…

足の折れた猫 ⑪

帰宅後、私は再検査の日を決め、カレンダーに印をつけた

ボロ雑巾のようだったあくびちゃんも
※イメージです

みるみるうちに元気になって……

…
じっ…
キラーン
ごはん

!?
ぎゃああ
バリバリッ
バリッ

いや～
普通に危ないからやめなさいっ
てか～
骨折しとんちゃうんかいっ
すりっ

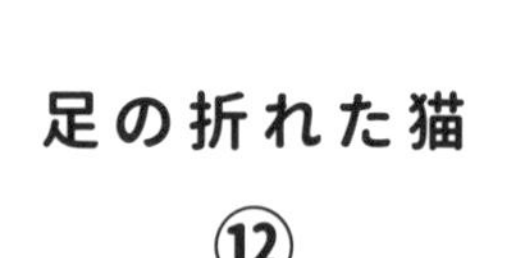

足の折れた猫

⑫

はいズキュン
にゃあ

驚くことに心配していた足も
日常生活には支障をきたすことなく過ごせていた
（むしろ暴れん坊……）
んもぅ〜
でれ〜っ

でも、一点だけどうしても
気になることが……
ゲエホ
ゲエッ

あくびちゃんは
頻繁に吐いていた

猫は吐きやすい動物だけど
なんとなく普通とは
違うと感じていたのだが……
今日もか…

穏やかな日々が続き、
迎えた再検査の日
たまさーん
はいいっ
ドキ
ドキ

残念ですが…
陽性です……

足の折れた猫

⑬

たんばを保護してから通院を重ね一見回復しているかのように思えた

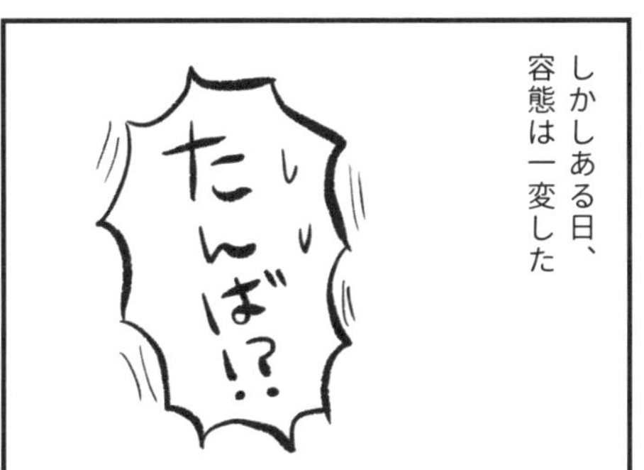

急いで連れていった
夜間病院で、初めて
猫白血病であること

残念ですが……

既に発症していて、症状の
重さをみるとあと数日しか
生きられないことを知った

当時の私は
どうしていいのか
わからなくて

結局最後まで
泣きじゃくってばかりだった

たんばがいなくなった後も
何もできなかったことを
後悔するばかりで

泣いている時間があるなら
撫でて笑って
そばにいてあげればよかった
嘆いている暇があれば
病気や治療について
もっと勉強すればよかった

でも、どんなに後悔しても
やり直しはできないんだ

たんばは驚くほど安らかに、
静かに私の元を去っていった

それから保護の現場に
携わるようになり
私は多くの「死」を
目の当たりにしたが

それは決して安らかなもの
ばかりではなかった

足の折れた猫

朝まで元気だった子が
病気や事故で急死して
しまうこともあった

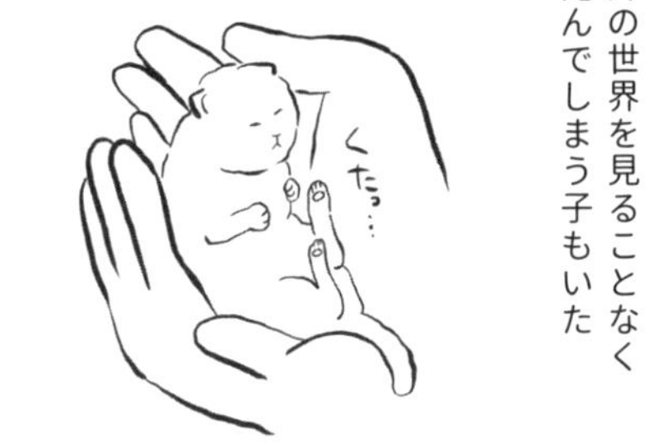
外の世界を見ることなく
死んでしまう子もいた

くたっ…

その度に思うのだ

嫌だと思うくらい
看病したかった
同じ時間を
もっと過ごしたかったと

時間は返ってこない
だからこそ今ある
この時間は
当然のように訪れるもの
ではないことを
知っているから

今を生きてくれて
ありがとう
私の元に来てくれて
ありがとう

心からそう思うのだ

足の折れた猫

⑮

そして今、
猫白血病キャリアの
あくびちゃんが目の前にいる

多分、君はあの時、
あの場所で息絶えるしか
なかった

そんな君が今、
お腹いっぱいご飯を食べて
たくさん遊んで
日向で眠っている

きれいごとかもしれないけど
これって本当に奇跡だと
思うんだ

この時間は誰にでも
当然のように訪れるわけでは
ないことを知っているから
にゃー…

毎日を思いきり生きている
君がいて
そんな毎日を守って
あげられる自分がいる

だから、
悲しむ理由もなければ、
惜しむ時間ももったいない
キュピーン☆

きっとそれでいいんだ
かぷ
いでっ

そんな毎日を愛しく思う
かんだら
あっかーん!

猫白血病って一体何？

①

「猫白血病」をご存知だろうか？

正式名称は「猫白血病ウイルス感染症」

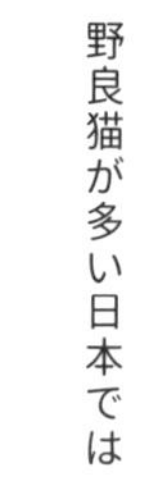

野良猫が多い日本では

案外身近に存在するこのウイルス

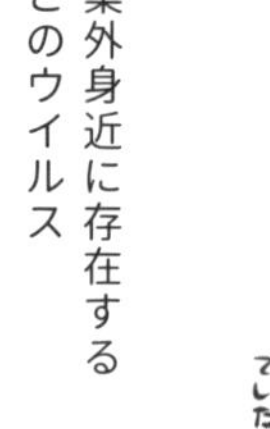

現在、この猫白血病を治す治療法は見つかっておらず

発症すると2～5年以内に死んでしまうといわれている

猫白血病って一体何？
②

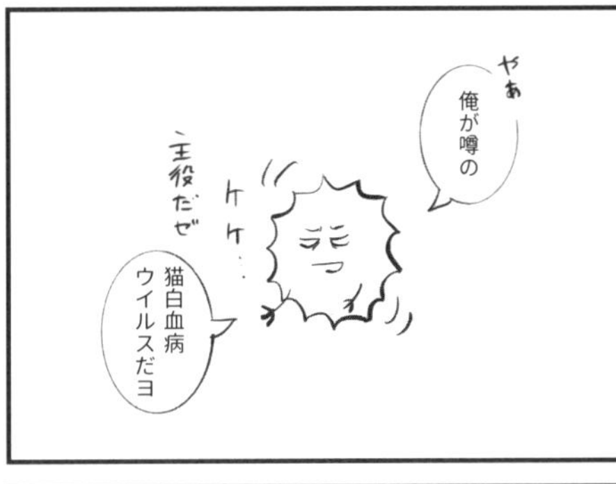
やぁ
俺が噂の
主役だぜ
ケケ…
猫白血病ウイルスだヨ

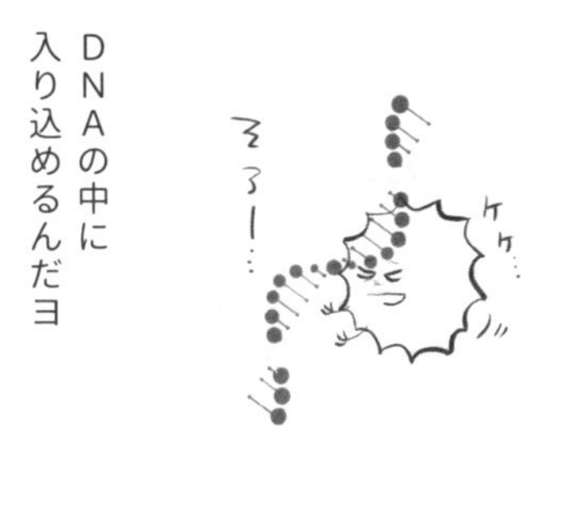
俺のすごいところはナ
DNAの中に入り込めるんだヨ
ケケ…
そろ〜…

普通のウイルスってやつは
免疫ってやつにすぐやられてしまうんやけど
んもう！

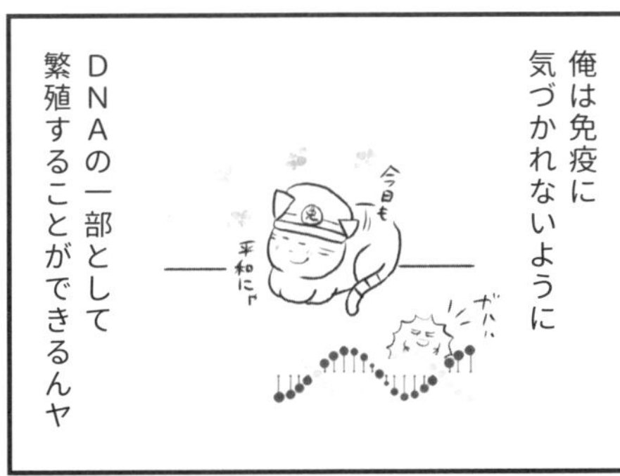
俺は免疫に気づかれないように
DNAの一部として繁殖することができるんヤ
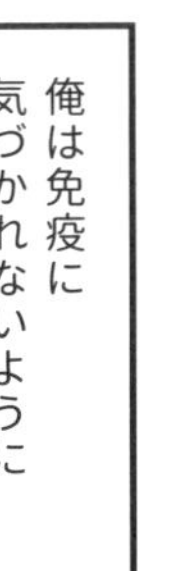
今日も平和にゃ
ガハハ

じゃあ、
どうやって俺が体内に入り込んだかって？
ふっふっ
ふっ

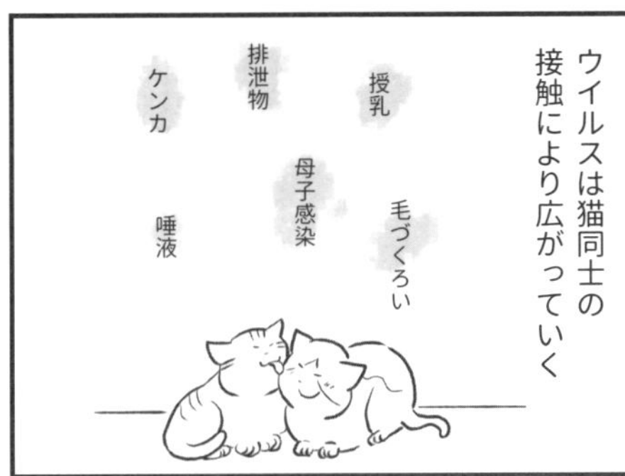
ウイルスは猫同士の接触により広がっていく
授乳
毛づくろい
母子感染
排泄物
唾液
ケンカ

そして、感染が完了した猫のことを「猫白血病キャリア」と呼ぶのだ
？
？

「キャリア」とは体内に存在しているというだけで
すぐに発症して悪さをするわけではない
大丈夫っ
ぐぬ…

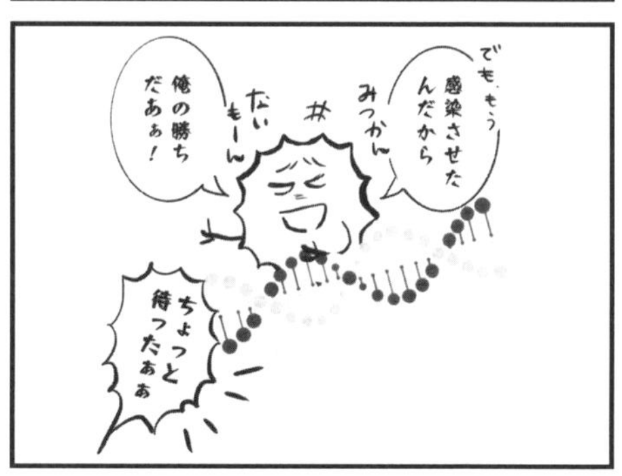
でももう感染させたんだから
みっかんないもーん
俺の勝ちだぁぁ！
ちょっと待ったぁぁぁ

猫白血病って一体何？ ③

感染状態には3つのパターンがあることを絶対に忘れてはいけないのである！
なっ…なんだと！
免疫さんあそこです！
あいつですっ

まず1つ目「一過性感染」
初期の感染であれば、免疫が働いてウイルスを自力で体内から排出できることも！

確率は低いけど一度「陽性」と出ても陰性に変わることもあるから
時期を改めて再検査を受けてみよう！

そして2つ目は「潜伏感染」
一度「陰性」と出ても、ウイルスが体のどこかに隠れているケースも……
？
確かにいたような…？

陰性でも陽性でも検査結果が変わる可能性はゼロではないんだね
やっぱり再検査は必要なんだね

そして、持続感染に
なってしまった場合、
感染から2～5年以内に
発症し、その多くは
残念ながら死んでしまう
ことが多いのだ

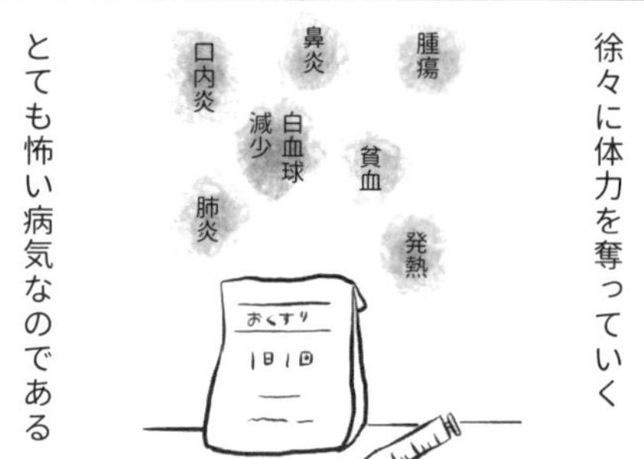

猫白血病って一体何？

④

もしかしたら
あくびちゃんは長生き
できないかもしれない

かわいそうだと
思われがちだけど
私の目にはそうは
映らないんだ

この国には
安心できる
居場所のないまま
飢えや暑さや
寒さに苦しんでいる
猫たちが
たくさんいて

それなのに
殺処分や交通事故、
野生動物の餌食に
なってしまったり

人知れず死んで
しまったり
している猫が
一体どれだけ
いるのだろう

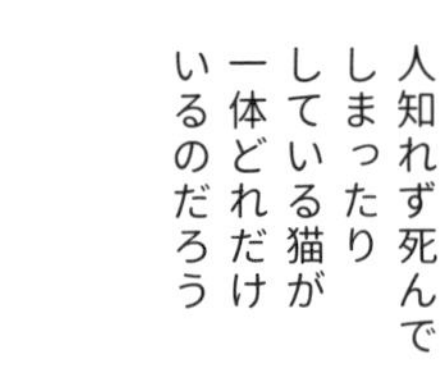

猫白血病って一体何？

あくびちゃんは今日も
部屋中を走り回り
遊ぶことに
一生懸命で

毎日ごはんを
たくさん食べて

天を仰ぐように
堂々と眠る姿は

だって今を
生きているんだから

何よりも尊く
何よりも愛しい

日々、
自分らしく
生きている
彼らの姿を
「かわいそう」だと
言われてしまうと

彼らは先の見えない
未来に対して
どうしようもなく
不安を感じて
しまったり

少しだけ
胸の奥がちくりと
傷んでしまうのが
本音だ

過去に縛られて
身動きが取れなく
なってしまうこと
なんてない

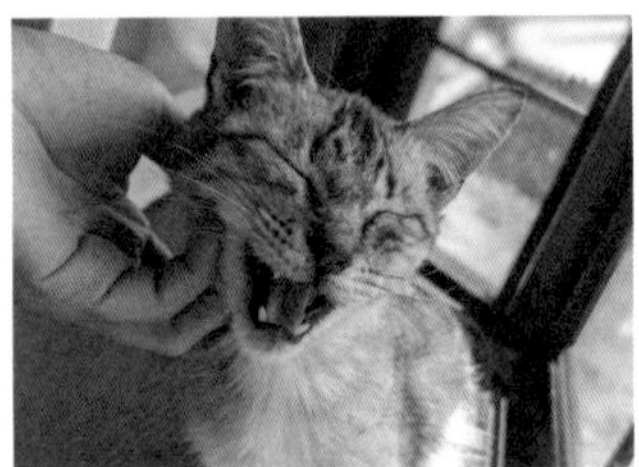

あくびちゃん

ジジ

CHAPTER 6

≈ ジジ ≈

» いのちのバトン
» 私たちにできること

いのちのバトン ①

4年前の暑い夏の日
1匹の黒猫が車にひかれ
道路で死んでいた

そして、
その周辺には
まだ生後間もない
子猫たちの姿があった
にゃー
にゃー

偶然通りがかった
女の子たちが一時的に
保護してくれて

連絡を受け、
私は子猫たちを
引き取ることに決めた

指定された場所へ行くと……
ねえっ
なんでダメなの？

ねえ！
連れて帰りたい！
おかーさんっ

でも…
ぐすっ…
うちは猫飼えないでしょ

痛いほどわかるぜその気持ち
もらい泣く…
……たまさん
ぐっ…

ぐすっ
うっ…
ひっく…
ひっく…

猫ちゃんたちちゃんと元気になる?

いのちのバトン

②

・・・・・・・・・・

大人になった私がこの子たちにしてあげられることはなんだろう……
ぐすっ…

私は自分の小さな頃を思い出していた

見たところ生後2週間といったところだろう
にゃー
授乳期のお世話は決して楽なものではない

何もできなくてただ泣いていたあの頃の自分を

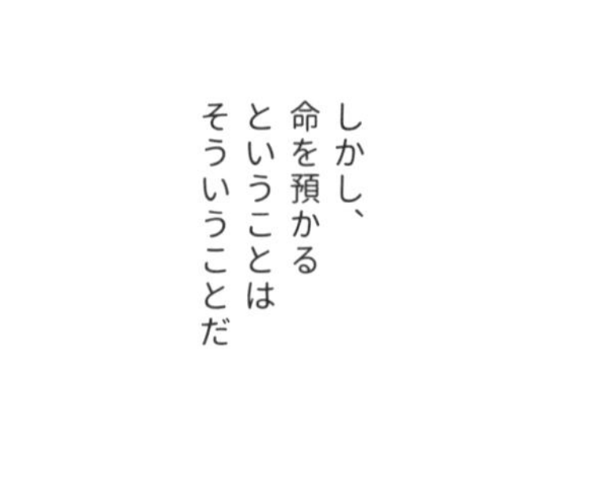

いのちのバトン ③

私は正直に
そのことを女の子に話した

彼女は私の話を
まっすぐに聞いてくれた

でも
やれるだけのことは全力で頑張るよ
だから
幸せになれるように見守ってほしいな

あの場所から
保護されて
いなければ
この子たちは
もうこの世に
いないかもしれない

この子の温かい手と
優しい気持ちのおかげで
救われたんだ

助けてくれて
ありがとう
世界で一番
幸せな猫に
するからね

猫ちゃん
たち……
よろしく
お願いします……

いのちのバトン

④

そんなこんなで
4匹の子猫の
育児が始まった
それに
しても……

ニャー!!

ぎゃわ
ぐふ
うふふ
…

にゃー
にゃー
…

嗚呼…
こりゃきっと
今日から
寝られねぇわ

ちゅく
ちゅく

寝不足と疲労は
たまる一方だったけど
少しずつ成長する姿が
何よりもうれしかった
つかれっ

何よりも……
わっちゃ
わっちゃ

癒
キュウウウン

いのちのバトン

⑤

ジジ

ある日、姉が会いに来た
みゃ
みゃ

えー？
知らないの？これだよ〜
ちょっとまってね〜

わらわら
キャーッ♡
可愛いッ

バーンッ

ウォーカーみたいっ
いやされる〜♡

ウォー○ングデーーーッド

何かのキャラクター？
ウォーカーって？

ってゾンビイイイ

みんな元気に育ってくれていることが何よりも幸せだった

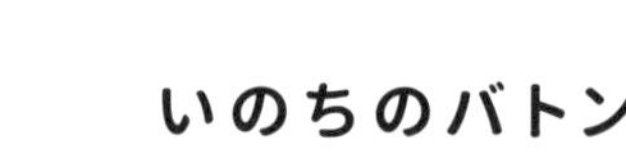

いのちのバトン

⑥

特に誰よりも食欲旺盛で一番活発で大きな女の子名前はジジ

君は本当におてんばさんだね〜
もぅ〜

あなたは将来里親さんを悩ませるくらいの
やんちゃさんになるね〜

そんなことを思っていたある日——
さぁ！
ミルクの時間よ〜
シャカシャカ
シャカシャカ
って…
……ん？

ジジの様子に異変が起きた
……ジジ？
ハァ…
ハァ…

数時間前まで元気だったはずなのに
ミルクも飲まない……

病院へ行く
準備をしていると
一番仲の良いキキが
心配そうに近づいてきた
そわ
そわ
ぐでっ…

ジジはひとりじゃない
みんながついてる
キキ
大丈夫だよ

だからきっと大丈夫だ
そう自分に言い聞かせて
動物病院へ向かった
すぐ元気になるからね

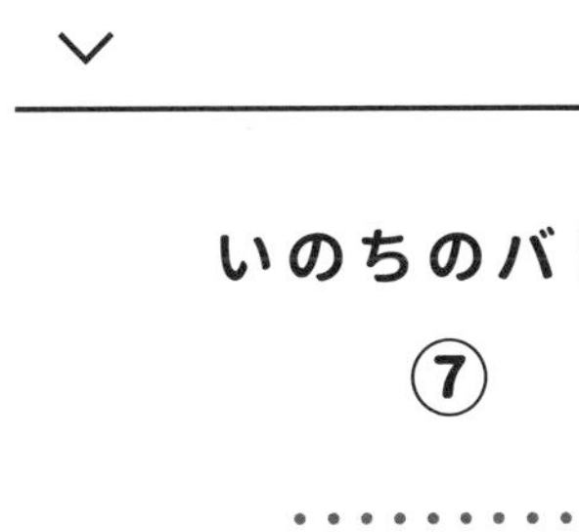
いのちのバトン
⑦

肺が真っ白です……
原因がわからないので
エコーでもとりましょうか……

悪い予感がした

心臓に小さな
穴が開いて
います……
先天性の心疾患……
ハッ

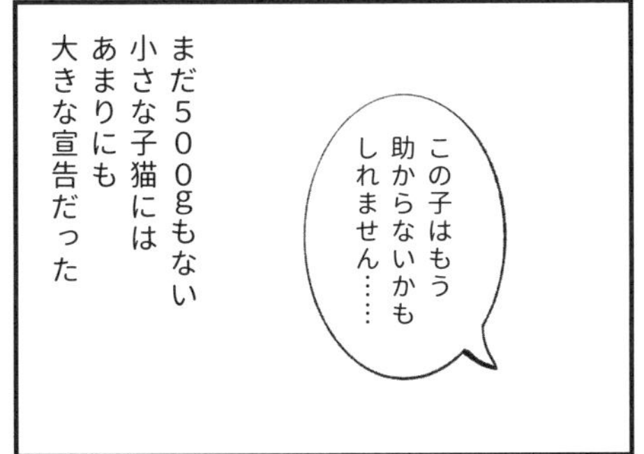
この子はもう
助からないかも
しれません……
まだ500gもない
小さな子猫には
あまりにも
大きな宣告だった

いのちのバトン
⑧

まだ、
これからなんだ

こんなところで
死なせて
たまるもんか

諦めの悪い私は
飲めなくなったジジの
口の中にほんの数滴ずつ
ミルクを垂らした

少しでも
いいから
飲んでくれっ

ぷぃっ

慌てて病院へ電話した
生きられるかもしれない
ミルク飲めました！少し体調も良さそうで

ジジー！
ん？

完治する病気ではないけどいつ死んでしまうかわからないけれど
心拍数をコントロールしながら生きていけるかもしれない……
すぅ…

ダン
おかーさんねっ
1週間後
君を病院に連れていかなきゃいけない
聞いて!!
こわ

1週間後に再診が決まった
小さな希望の光が見えたような気がした

つらく苦しいことも乗り越えた君には
きっとこれからも楽しいことがたくさん待っているはずだから

キュッ
5

とりあえず1週間、
頑張って生きよう！

いのちのバトン ⑨

不安定ではあるけれど
ミルクを飲む量は
少しずつ増えてきた
ちゅく
ちゅっく

1週間後……

体重はしっかり
増えてますね！
おおっ

まだ安心とは
言えない
状況ですが……
いい調子
ですね！

それから
さらに3週間がたち……
肺炎もしっかり
治ってますよ
とりあえず
一安心！

心臓に開いた穴は
成長とともに自然と
完治することも
あるらしいけど
また容態が急変する
可能性だってある

きっと、
生きていることは
すごい奇跡なんだ

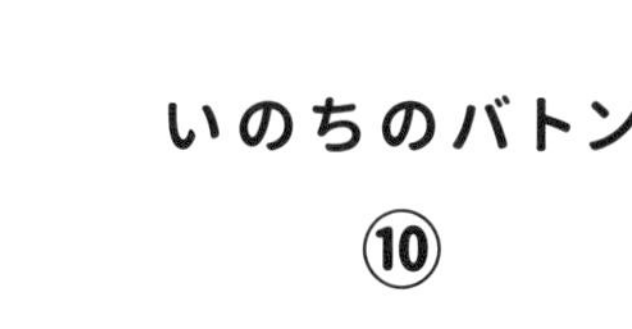

いのちのバトン ⑩

ジジたちのことをずっと
気にかけていた姉が
ジジちゃんたち
大丈夫そ？

なんと里親として
名乗り出てくれた

ずっと一緒だった
キキも一緒に
もはや引き離せぬ

ジジには
家族ができた

それから時がたち
ジジは4歳になった

たった1匹の
小さかった子猫は
かけがえのない
大きな存在になった

いのちのバトン ⑪

これはいのちのバトンだ

出会いと別れがあり
手紙送るね！

助けようと
頑張ってくれる
人たちがいて

未来を信じて
願ってくれる人がいる
たまさんへ
ジジは大丈夫ですか？

そして、
その想いや願いは
決して消えることは
ないだろう

このバトンはきっと
わあっ
みんな大きく
なってる〜！

必ずこの先の
未来まで渡っていく

たった
1匹の未来を
守り伝えることが
ジジ！

ジジが
教えてくれたんだ

きっと大きな
未来をつくるんだ
ニャー

猫から人へ

そして、
人から人へ

私たちにできること
①

令和３年度に
全国で行われた犬猫の殺処分数
14,457 頭

その内、11,718 頭
猫の殺処分が大半を占めた

さらに、
その６割以上が
生後間もない子猫だった

私たちに
できることは
ないのだろうか

４年前、
野良猫の母猫を
交通事故で失った
幼い子猫たち

その子猫たちは成長し
それぞれの家庭に
譲渡され、今はとても
幸せに暮らしている

めでたし
めでたし

フじゃねぇ！
バン

大きくなったちびーず！
シャキーン！

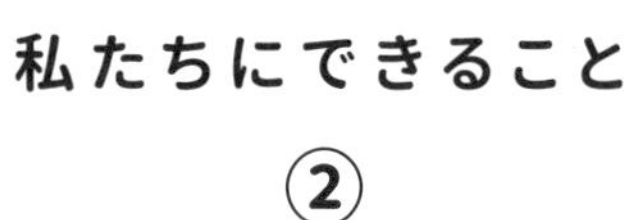

私たちにできること

②

もう♡すっかり
大きくなっちゃって♡
すり♡
すーり♡

殺処分の大半が猫……
ダーッ
子猫の殺処分が多いなんて……一体何が起きてるの……
しかも……

ところで……
そもそも…
殺処分の大半が猫ってどういうこと？
しかも子猫も…

ぼく達が
説明しよう！
ハッ…
その声は…？

そうだよね…
主な原因は猫の強い繁殖力。交尾したら必ず子どもができてしまうんだ

私たちにできること ③

猫は1年に最多4回も
出産することができ
近親交配を重ね
どんどん増えていくんだ

無事に成長しても
待ち受けるのは
過酷な生存競争

避妊手術を行って
いないメスであれば
最多年４回ほど
訪れる発情期

特に縄張り争いや
メス猫を奪い合うケンカは
命に関わる大きな問題だ

この時期、
本来ならば
行動範囲の狭い猫でも
子孫を残すために
テリトリーを広げ
行動するようになる

野生動物なんかの
外敵はもちろん
脅威なんだけど
平和主義なのにィ…
僕らの暮らしを
過酷にしているのは
猫同士でもあるんだ
ぐすん

ケンカキズもそうだけど…
猫エイズや
猫白血病……
多くの感染症は
ケンカや交尾が
原因だといわれ
ているよね

う〜ん…
縄張り意識の
強い猫だから
そこで争いが
生まれて
しまうんだね

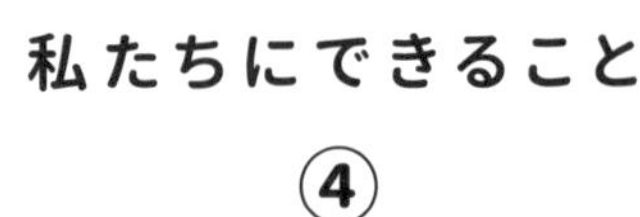

私たちにできること ④

無責任に野良猫にごはんだけあげる人ってきっとまだ多いと思うが

でも結局これって過酷な環境で暮らす野良猫を増やすことにもつながるんだ

私たちにできること

それに住宅や庭木への
イタズラだったり
糞尿や騒音被害……

コラー!!

猫が増えることによって
生じる住民トラブルって
結構深刻で

疑いの目…
(再び)
じっ…
ほっ…
本当だよ？

耳の先がV字にカットされた野良猫を見たことあるかな？
ああ！
たまに見かけるかも！

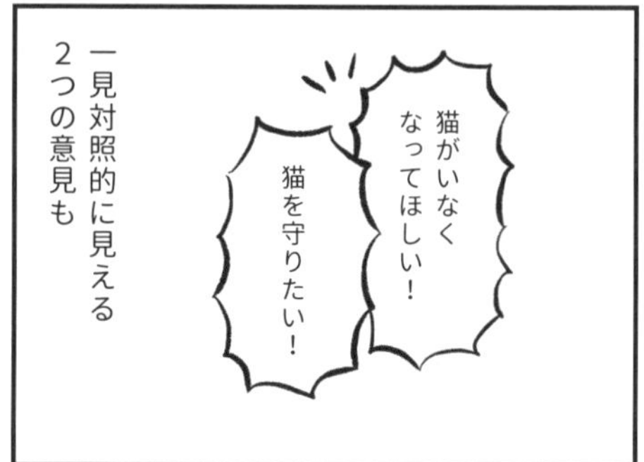
一見対照的に見える2つの意見も
猫がいなくなってほしい！
猫を守りたい！

その耳は不妊手術を受けている証しなんだ
桜の形に見えることから「さくらねこ」とも呼ばれているよ

実はお互いの意思を尊重した解決方法があるんだ！
野良猫を増やさない！

私たちにできること

TNRって知ってる？
T(捕まえて)rap
N(不妊手術をして)euter
R(元の場所へ帰す)eturn

しゅん…
でも…
健康な身体にメスを入れるってかわいそうだな……

待ってました
その言葉!
実は!!
不妊手術って
メリットのほうが
多いのです

そう!
感染症とか
交通事故の
リスクも
軽減するし
生殖器特有の
病気の予防にも
つながるんだ

猫同士の
ケンカの原因って
覚えてる?
確か…
メスの
奪い合いとか
縄張り争い……?

デメリット
はね……
デメリットも
あるんだね……

子孫を残す
本能が関係
してたよね
…と言う
ことは?
ハッ

ちょっと
太りやすく
なっちゃうん
だよね
もじっ…
ああ…
(察し)

つまり
不妊手術をする
ことで無駄な
争いが減る
ってこと?
そうか!
YES!!

私たちにできること

かわいそうと思われがちだけど
実際にTNRが進むことによって殺処分が減ることは各地で証明されているんだ

ズバリ!!
コードはM!!
マネジメント!
管理であります!

野良猫としてではなく一代限りの地域の猫
地域猫として地域の人からも見守ってもらえるといいよね

猫トイレの設置!
管理することで糞尿被害を軽減!
猫はとってもキレイ好き!
いい感じだにゃ…

でも安心するのはまだ早いッ
ず
いっ
顔怖いよ

エサ場の管理!
一定の場所と時間を守ることで衛生的に!
放置エサ
NO!!

実は
TNRだけじゃ問題は解決しないんだ……
おおん…
えっ
じゃあどうすればいいの?

他にも!
寝床の管理や怪我や病気のケアなど……
各地域で様々な管理が行われているよ

じゃあ
ぱぁあっ
外で暮らす猫も幸せに過ごせるってこと？

うわぁ…
めっちゃ露骨に顔に出すやん

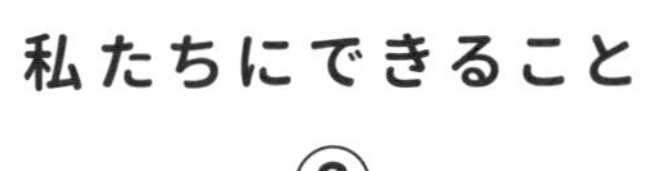

私たちにできること

⑧

うん…
やっぱり厳しい気候の変化や
外敵が多いことには変わりないからね……

猫にとっては
室内で暮らすことが
いちばん安全なんだ

開きっぱなしの
蛇口から止まることなく
流れる水のように
この国では新しい命が
生まれ続けている

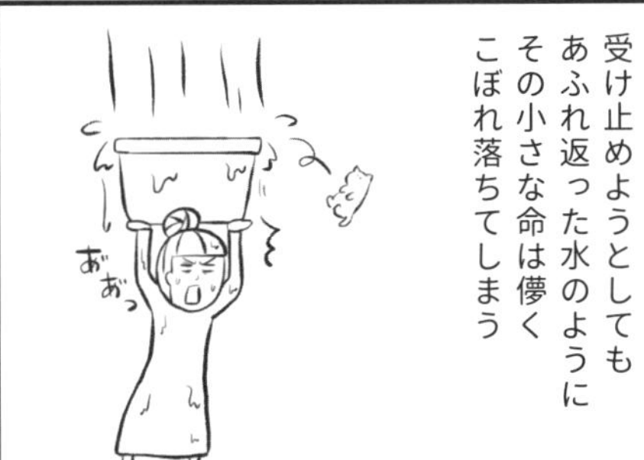
受け止めようとしても
あふれ返った水のように
その小さな命は儚く
こぼれ落ちてしまう
あぁあっ

まだ見ぬ光を
閉ざしてしまう
ことのないように

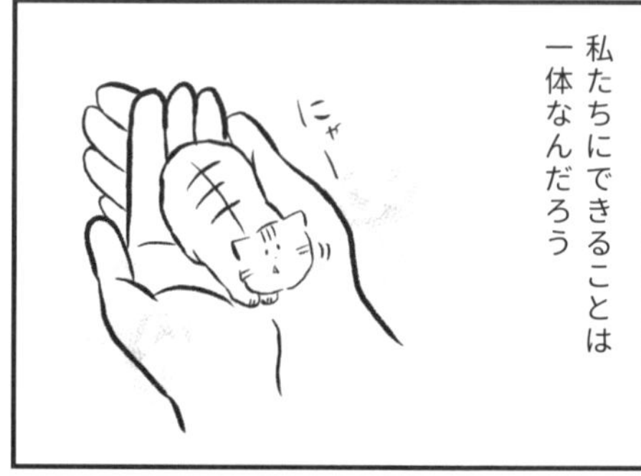

私たちにできること

⑨

以前、
あるセミナーで実際に
ミルクボランティア
として活動している女性、
木村さんと対談したとき、
こんなお話を聞いたんだ

じーん..
殺処分の現状を知り、自分も何かしたいと思ったんです……
胸打たれっ

ひとりの人間がすべてを救うことは難しいかもしれない

実際に行動に移すことで救われる命があった
さあ
生きるよ！

でも
100人の人が目の前の1匹を救うことができれば
助かる命はもっと増えると思うんです

でも…
まだこの国の殺処分の問題は深刻だと思います

そうなんだ、きっと
ぶわ
わっ

例えば、助けを求めている猫が100匹いたとしても

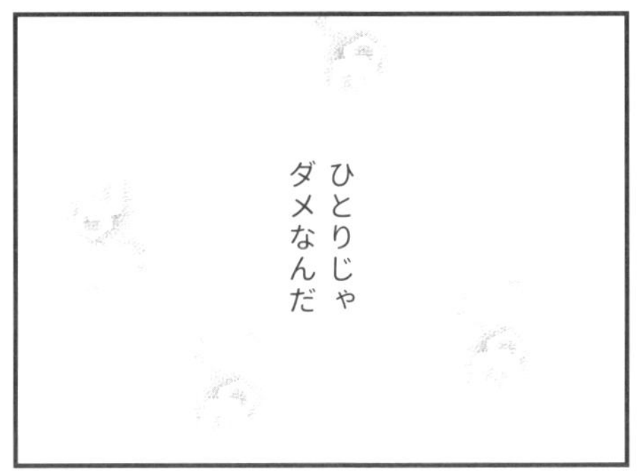
ひとりじゃダメなんだ

私たちにできること ⑩

不幸な運命を
たどることがないように

未来を守れるように

今、
私たちが
できることを

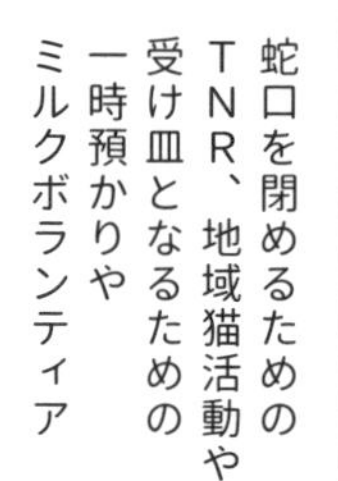
蛇口を閉めるための
TNR、地域猫活動や
受け皿となるための
一時預かりや
ミルクボランティア

その他にも猫のために
できる活動って
たくさんあるんだ
清掃活動
パケット（搬送）ボランティア
イベントのお手伝い

各地域によって
問題点や
活動内容は
様々だから
まずは
調べる
ことから
スタートしても
いいかもね！

いつか必ず、
猫と人が暮らしやすい
社会になることを願って……

しかし、大人になり
身をもって知ったのは

5年前、この現状を
ひとりでも多くの人に
知ってほしくて
SNSに投稿を始めたところ

拙い絵と文にもかかわらず
本当に多くの方が
心を寄せてくれました

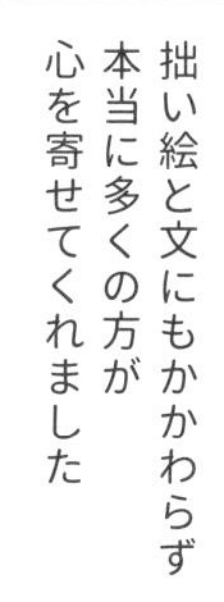

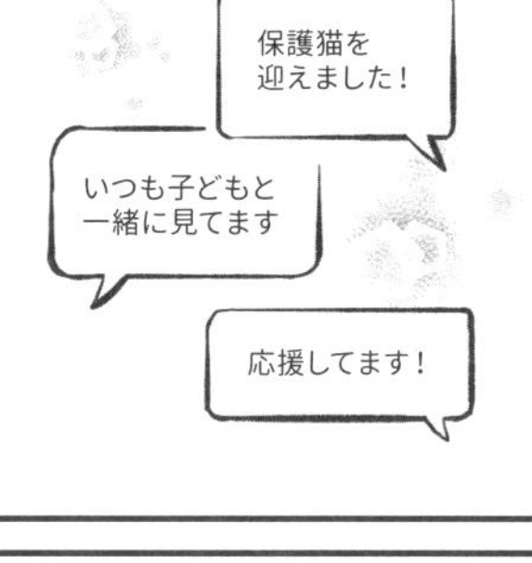

今回、この本を
製作するにあたっても
たくさんの
お力添えをいただいて

編集の宮本さん、村田さん、
デザイナーの田尾さん、
須谷さん、白木さん……
その他、関わって
くださった方々

たくさんの人に
届けましょう！
多忙なのにめちゃくちゃ
がんばって下さる名編集さん！

そして、いつも見守り
応援してくれる大切な家族、
全国のフォロワーさんたち
皆さんの支えが
あったからこそ
こうやってまた形に
することができました

この本には、猫だけで
なく多くの人も
登場してくれましたが
「出会い」は時に
人を大きく変化させます

その出会いは
たったひとりの
人かもしれないし
たった1匹の
猫かもしれないし
たった1冊の
本なのかもしれない

時に人から人へ
時に人から猫へ
時に猫から人へ
つながるいのちのバトンを
みんなが大切にできる
世界になりますように

Staff

著 _ tamtam（タムタム）

アートディレクション&デザイン _ 田尾知己（imos）
校　閲 _ 遠峰理恵子
営　業 _ 大槻茉未
広　報 _ 大見謝麻衣子
進行管理 _ 中谷正史

協　力 _ きむらかおり（Instagram：@bunyapon0110）、かいづ動物病院
玉造晶子、牧田裕美、ナカシマ氏

医療監修 _ 林 美彩
編集協力 _ 村田理江
編　集 _ 宮本珠希

参　考 _ 環境省統計資料「犬・猫の引取り及び負傷動物等の収容並びに処分の状況」

本書の売上げの一部は、保護猫の支援活動などを行っている団体に寄付されます。

たまさんちのホゴネコ

発　行　日：2023年11月5日　初版第1刷発行
：2023年12月15日　第2刷発行
著　　　者：tamtam
発　行　者：波多和久
発　　　行：株式会社Begin
発行・発売：株式会社世界文化社
〒102-8190　東京都千代田区九段北4-2-29
TEL：03-3262-5126（編集部）
TEL：03-3262-5115（販売部）

D　T　P：株式会社イオック
印刷・製本：大日本印刷株式会社

ISBN978-4-418-23430-1